中国科协高端科技创新智库青年项目资助

财政性科研经费
性质及其监管机制研究

Characters and Regulation Mechanisms of Fiscal R&D Fund

| 董阳　陈锐　著 |

图书在版编目（CIP）数据

财政性科研经费性质及其监管机制研究/董阳，陈锐著.—北京：经济管理出版社，2019.1

ISBN 978-7-5096-6414-8

Ⅰ.①财… Ⅱ.①董… ②陈… Ⅲ.①科技经费—监管机制—研究—中国 Ⅳ.①G322

中国版本图书馆 CIP 数据核字（2019）第 031667 号

组稿编辑：宋　娜
责任编辑：张　昕　丁凤珠
责任印制：黄章平
责任校对：赵天宇

出版发行：经济管理出版社
（北京市海淀区北蜂窝 8 号中雅大厦 A 座 11 层　100038）
网　　址：www.E-mp.com.cn
电　　话：（010）51915602
印　　刷：三河市延风印装有限公司
经　　销：新华书店
开　　本：720mm×1000mm/16
印　　张：9.5
字　　数：110 千字
版　　次：2019 年 5 月第 1 版　2019 年 5 月第 1 次印刷
书　　号：ISBN 978-7-5096-6414-8
定　　价：98.00 元

·版权所有　翻印必究·

凡购本社图书，如有印装错误，由本社读者服务部负责调换。
联系地址：北京阜外月坛北小街 2 号
电话：（010）68022974　邮编：100836

前　言

　　本书选取财政性科研经费作为研究对象，回归科研经费形成的缘起，梳理科研经费资助制度的演化脉络，并从典型资助案例中还原科研经费资助方和科研人员之间的角色、关系、权利及义务，从而准确地识别出不同性质科研经费的特征。同时，基于历史分析，可以发现，科研经费演化发展主要围绕两条主线展开：一是科研经费资助方的主导作用强弱，二是科研人员的人力成本补偿程度大小。这两条主线的变化推动了科研经费资助制度的不断发展，从而衍生出不同的模式。

　　聚焦上述两条主线，可以回应新制度经济学中的两个关键性概念——"剩余控制权"和"剩余索取权"。因此，抽取这两个关键指标作为分析维度，形成一个类型建构的框架，并对应中国现行财政性科研经费的功能，进行分类和剖析，可以得出，中国现行财政性科研经费主要分为四种类型：一是政府购买科研服务类经费，其特征是控制权强、索取权大；二是科研项目投资类经费，其特征是控制权强、索取权小；三是奖励性科研经费，其特征是控制权弱、索取权大；四是公益性科研资助，其特征是控制权弱、索取权小。

　　对应上述不同类型的财政性科研经费在管理实践中所存在的问题进行归纳，主要有以下两大方面问题：一是科研活动规律与财务管理规律之间存在"不合拍",包括科研周期与预算周期之间的"错位"、预算执行率成为科研活动的"紧箍咒"、科研用品采购管理"僵化"导致浪费严重、经费审计方式不符合科研活动规律、横向科研经费的管理方式"纵向化";二是科研经费资助中"重物轻人"现象严重,主要包括财政性科研经费中人员经费支出存在瓶颈、科研人员对经费支出的自主决定权不足、科研人员难以从成果中获得稳定收益、劳务费科目难以真正解决人员聘用问题、工资总额上限成为科研人员增收的"天花板"。

综合上述问题,可以发现,财政性科研经费监管的诸多问题是有其深刻的制度性成因的,即在科研经费的"应然"性质属性与其"实然"监管方式之间存在着不匹配,主要体现为三个"不平衡":一是科研经费管理中的剩余控制权与剩余索取权配置不平衡,二是事业单位的属性定义与功能定位不平衡,三是科研经费管理改革与其他领域改革不平衡。

目 录

第一章 绪论 ·· 1

  一、选题背景 ··· 1

  二、文献综述 ··· 2

    （一）财政性科研经费的性质 ································· 2

    （二）财政性科研经费监管 ···································· 6

    （三）绩效评估 ·· 11

  三、行文思路 ·· 14

第二章 科研经费资助制度的演化与现状 ·························· 16

  一、宏观层面：科研经费资助制度的演化 ····················· 17

    （一）恩主制：科研人员全额供养模式 ···················· 17

    （二）早期学会：人身供养+成果资助模式 ·············· 21

    （三）英国皇家学会：科研活动成本资助模式 ·········· 25

    （四）法兰西科学院：基于专业水平的职业化
          资助模式 ·· 30

（五）德国洪堡改革：基于职业特征的职业化资助
模式 …………………………………………………… 33
（六）工业实验室：企业主导资助模式 …………………… 36
（七）公益基金会：第三方中介资助模式 ………………… 41
（八）政府直接资助模式的形成 …………………………… 47

二、微观层面：典型案例中的科研人员角色、权利、义务 …… 60
（一）政府购买科研服务模式 ……………………………… 60
（二）国家大型科技工程资助模式 ………………………… 63
（三）投资式科研资助 ……………………………………… 65
（四）科研成本的定额补助 ………………………………… 68
（五）科研机构稳定支持 …………………………………… 71

三、科研资助制度的演化脉络及动力机制分析 ……………… 72
（一）演化脉络 ……………………………………………… 72
（二）演化动力 ……………………………………………… 74

第三章 财政性科研经费的性质界定与类型建构 …………… 77

一、分析框架建构 ……………………………………………… 77
（一）"剩余控制权"（Residual Right of Control） ……… 78
（二）"剩余索取权"（Residual Claimancy） …………… 80
（三）财政性科研经费的性质分类 ………………………… 81

二、类型1：政府购买科研服务 ………………………………… 82
（一）经费资助方的剩余控制权强 ………………………… 83
（二）科研人员的剩余索取权大 …………………………… 85

三、类型2：科研项目投资 ……………………………………… 87

（一）经费资助方的剩余控制权强 …………………… 88
　　（二）科研人员的剩余索取权小 …………………… 91

四、类型3：奖励性科研经费 …………………… 93
　　（一）经费资助方的剩余控制权弱 …………………… 94
　　（二）科研人员的剩余索取权大 …………………… 95

五、类型4：公益性科研资助 …………………… 97
　　（一）经费资助方的剩余控制权弱 …………………… 98
　　（二）科研人员的剩余索取权小 …………………… 100

第四章　财政性科研经费监管中的问题及原因 …………………… 102

一、科研活动规律与财务管理规律之间存在"不合拍" …… 102
　　（一）科研周期与预算周期之间的"错位" …………… 102
　　（二）预算执行率成为科研活动的"紧箍咒" ………… 104
　　（三）科研用品采购管理"僵化"导致浪费严重 ……… 105
　　（四）经费审计方式不符合科研活动规律 ……………… 107
　　（五）横向科研经费的管理方式"纵向化" …………… 108

二、科研经费资助中"重物轻人"现象严重 ……………… 110
　　（一）财政性科研经费中人员经费支出存在瓶颈 ……… 110
　　（二）科研人员对人员经费支出的自主决定权不足 …… 112
　　（三）科研人员难以从成果中获得稳定收益 …………… 113
　　（四）劳务费科目难以真正解决人员聘用问题 ………… 115
　　（五）工资总额上限成为科研人员增收的"天花板" … 117

三、制度性成因分析 …………………………………………… 119

（一）科研经费管理中的剩余控制权与剩余索取权
配置不平衡 ……………………………………………… 119
（二）事业单位的属性定义与功能定位之间不平衡 …… 122
（三）科研经费管理改革与其他领域改革不平衡 ……… 124

第五章　结语 ……………………………………………… 127

参考文献 …………………………………………………… 130

致谢 ………………………………………………………… 143

第一章 绪 论

一、选题背景

科研经费投入是反映一个国家科研实力最为关键的指标之一。科技创新并不必然意味着科研经费投入增长,但无可否认,科研经费投入是科学进步与技术创新的基础和前提。

我国现行的科研经费投入仍然是以中央和地方分级管理的纵向财政性科技经费投入为主。[①] 财政部的数据显示,全国财政科技支出从2006年的1688.5亿元提高到2015年的约7005.8亿元,年均增长35%,9年累计增长5317.3亿元,占同期全国财政支出的3.98%。2017年,国家财政科学技术支出8383.6亿元,比上年增加622.9亿元,增长8%;财政科学技术支出占当年国家财政支出的比重为4.13%,与上年相当。其中,中央财政科学技术支出3421.5亿元,增长4.7%,占全国财政科学技术支出的比重为40.8%;地方财政科学

---

① 赵治纲. 我国科技经费投入现状、问题与完善对策[J]. 财政科学,2016(8):84-89.

技术支出4962.1亿元，增长10.5%，占全国财政科学技术支出的比重为59.2%。

众所周知，科研经费应当具有两大功能：一是资源保障功能，二是人员激励功能。具体而言，在不同性质的科研经费中，两类功能的表现形式与发挥程度不尽相同。

因此，势必要回归科研经费形成的缘起，梳理科研经费资助制度的演化脉络，并从典型资助案例中还原科研经费资助方和科研人员之间的角色、关系、权利及义务，从而准确地识别出不同性质科研经费的特征。同时，基于历史分析，抽取科研经费演化发展的主线，围绕主线建构相应的类型分析框架，并对应中国现行财政性科研经费的功能，进行分类和剖析，从而对不同类型财政性科研经费在管理实践中所存在的问题进行归纳，进一步探究其制度性成因，以提出相应的对策建议。

二、文献综述

（一）财政性科研经费的性质

1. 根据研究目的和分配方式划分

政府对科学技术的承认和资助是科学建制化的重要内容，也是科学精神形成和科学职业化发展的基本前提,从制度的内生逻辑看,财政对科技的投入具有内在的和必然的联系。财政科研经费目的的确立往往是基于两种理念,"一种是促进学术的自身发展,另一种是促进研究的社会贡献",前者指向纯粹促进学术发展的"一般目的",后者指向纯粹促进社会发展的"特定目的"。两种不同目的指向要求科研经费采用不同的分配方法,对于前者来说要求"对研究的内容或领域能够进行自主性地判断"、要求"保障研究的自由"、要求"确保研究活动的安定",所以要求主要采用均等性的分配方法。对于后者来说,为了实现研究的社会目的,"必须对特定的研究内容和领域进行优先补助""必然从效率的角度进行分配""必然形成竞争性的选拔结构"。将纯粹的科研经费目的和纯粹的分配方法作为两个坐标轴进行象限划分,四个象限分别对应"一般目的—竞争型""特定目的—竞争型""一般目的—均等型""特定目的—均等型",据此分析框架可以对财政科研经费进行分类,具体如表1-1所示。①

表1-1 四象限分析框架

		研究目的	
		一般目的	特定目的
分配方式	竞争性	一般目的—竞争型	特定目的—竞争型
	均等性	一般目的—均等型	特定目的—均等型

2. 根据资助方式划分

从中国财政科研经费的资助方式看,主要有政府直接拨款和科学

---

① 丁建洋. 学术取向:日本"科研费"制度演进与运行的基本逻辑——日本大学高层次科学创新能力形成的一个视角[J]. 清华大学教育研究, 2014(1):63-75.

基金两大主渠道，其中政府直接拨款又可以划分为经常性科研经费拨款、专项科研经费拨款以及委托研究合同经费拨款等。经常性科研经费拨款主要体现为不与科研项目挂钩，而与专职科研人员编制挂钩的科研事业费。专项科研经费拨款主要来自各大国家主体性科技计划、教育行政主管部门的各项科研计划和专项拨款等。委托研究合同经费拨款主要是国家部委、协会和地方政府的科研计划，通过委托课题或共建科技平台的方式对大学科研进行一定程度资助。①

3. 根据投入方式划分

按照投入方式划分，财政科研经费可分为两种，一种是"直接投入"，不要求申请主体偿还，是指令性的（以财政拨款作为主要资金来源），属目前国内主流方式；另一种是"引导性投入"，具有与市场投入相互融合的特点，是指导性的（引导市场资源对科技活动优先配置），适当追求经济回报。②

4. 根据科研用途划分

按照用途划分，我国财政科研经费可分为基本支出和项目支出两部分，前者是维持科研机构正常运行的经费，后者是科技活动经费，多是竞争性经费。随着经济社会发展水平的提高，一方面，科研院所运行成本大幅度提高，不得不在项目经费中分摊科研成本，特别是人员成本，造成许多经费的使用违反现行课题制等规章制度；另一方面，基本支出不足使科研院所难以吸引高层次人才和及时更新科研设备，

---

① 杨丙红. 公共财政视野下我国高校科研拨款制度研究[J]. 中国高教研究, 2011 (8): 28-32.
② 郝刚, 张维. 中国财政科技投入资金的引导、衔接功能研究[J]. 中国软科学, 2006 (9): 76-81.

第一章 绪论

从而制约科研院所的科研水平提高。①

5. 述评

现有的关于科研经费的研究主要集中于科研经费投入的相对效率测算②和有效使用的特征与影响因素③，科研经费的分配④和优化配置问题⑤，知识经济时代下科研经费管理的角色转变⑥，我国现行科研经费管理的体制机制⑦、改革趋势⑧及其影响⑨，从政策变迁的角度梳理改革开放以来我国科研经费管理政策的发展历程⑩，比较不同国别之间政府部门的科研经费投入及管理方式⑪。对于科研经费的配置与使用中所出现的问题也受到了关注，例如财政投入科研经费中的逆向选择与

---

① 宋河发，穆荣平，任中保. 我国财政科技投入与经费管理问题研究[J]. 科学管理研究，2005（5）：104-113.
② 许治，师萍. 基于DEA方法的我国科技投入相对效率评价[J]. 科学学研究，2005（8）：481-484.
③ 李燕萍，郭玮，黄霞. 科研经费的有效使用特征及其影响因素——基于扎根理论[J]. 科学学研究，2009（11）：1685-1691.
④ 温珂，张敬，宋琦. 科研经费分配机制与科研产出的关系研究——以部分公立科研机构为例[J]. 科学学与科学技术管理，2013（4）：10-18.
⑤ 席酉民，李会军，郭菊娥. 我国高校科研经费优化配置研究[J]. 科技进步与对策，2014（3）：103-107.
⑥ 王凭慧，王守强，卓枫，孙真真. 知识经济时代的科研经费管理[J]. 科研管理，2003（2）：61-66.
⑦ 刘波. 基于《课题制》的大学科研经费管理——与美国的比较研究[J]. 科研管理，2003（1）：51-57.
⑧ 李红军，丁荣娥，任蔚，侯玉峰. 谈"十二五"国家科技计划改革——经费变化及挑战[J]. 科学管理研究，2013（1）：38-70.
⑨ 王忠，文宇峰，孙玉芳，陈谦明. "十二五"科研经费改革影响研究[J]. 科学学研究，2014（4）：545-548.
⑩ 李燕萍，吴绍棠，邰斐，张海雯. 改革开放以来我国科研经费管理政策的变迁、评价与走向——基于政策文本的内容分析[J]. 科学学研究，2009（10）：1441-1447.
⑪ 学白羽，李美珍，王孙禹. 中美政府部门对高校科研经费的投入及管理方式比较[J]. 清华大学教育研究，2004（6）：54-59.

道德风险问题,① 特别是纵向科研经费管理中存在的问题②,有学者试图为此类问题找出对策,提出应当建立拟成果购买制来完善公共产品类科研经费投入的管理模式③,并指出其在经费使用效率、研究机会均等、遏制腐败等问题上的优势所在④。

国家财政投入对高校科研产出具有重要影响,国家财政投入可以加强高校的基础设施建设,增强高校科研人员从事科研的积极性,从而促进高校的科研产出。同时,国家财政投入在不同类型高校中的作用也存在差别。高层次的高校的基础设施、管理者能力以及科研人员素质都处于领先地位,能够很好地利用国家财政投入进行科研生产,并且还配套相应的资金,科研产出多,但是,对于低层次高校,一是国家财政投入绝对量较少,二是基础设施较薄弱,导致国家财政投入对科研产出的贡献不大,科研产出少。⑤

(二) 财政性科研经费监管

科研经费监管主要针对的是经费的使用行为。预防型关注的是经费使用者的内在自律与使用活动的外在监督,而全成本型则更侧重于科研经费使用活动的重要特质,将经费使用者作为创新主体并将使用活动作为创新活动来展开制度设计,至于绩效型聚焦的是科研经费使

---

① 杨得前,严广乐,唐敏. 财政投入科研经费中的逆向选择与道德风险[J]. 科学学研究,2006(2):42–46.
② 宋传增,王文运,耿军. 纵向科研经费管理中存在的问题及对策[J]. 财会通讯,2002(10):47.
③ 奉公. 论公共产品类科研资金投入的拟成果购买制[J]. 科学学研究,2003(6):254–258.
④ 朱九田. 拟成果购买制的管理模式与现行科研资金投入体制管理模式的比较[J]. 科技导报,2005(6):45–47.
⑤ 中央财经大学课题组. 国家财政投入对科研产出的影响[J]. 统计研究,2013(8):111–112.

用的核心目标,即科研成果的创新与转化。三者均尊重科研活动规律,在现实的管理中难以做出非此即彼的机械区分,彼此间往往是相互交织、相互促进的,共同构成创新型国家科研经费管理的有机整体。尽管这三者在经费规范管理的不同领域、不同环节具有各不相同的具体作用和制度表现形式,但是,经费规范管理中释放科研生产力的制度设计的逻辑线索已经悄然呈现。①

作为科研管理制度的重要组成部分,财政科研经费监管的作用不仅体现在额度核算、支出控制等财务管理方面,而且还承担着优化科技人员激励结构、规范协调科研主体关系、提高项目实施转化效率、引导科技人才培养发展等多种职能。更加符合实际、更加科学、更加合理的财政科研经费监管,可提高经费投入效果,产出更多、更好的成果并培育更多优秀的人才。②

"十一五"以来,我国已建立包括审计、财政、科技等部门和社会中介机构在内的财政科研经费监督体系,建立了科研项目的财务审计与财务验收制度,并对中央财政立项的科技项目重点加强了立项前、实施中和结题后的监督检查工作。③ 财政科研经费的监管主要分为以下几个层次:单位法人的内部监管,主管部门的财务验收以及财政、审计、人大等监督。④ 高校科研经费监管主要分为组织管理、制度管理、经费预算管理、经费利用管理四个环节,其中前两个环节间接影响着科研经费效益,后两个环节直接影响着科研经费效益。另外,

---

① 林拓,袁锦贵,范楠楠. 在规范管理中释放科研生产力:经费管理的国际比较[J]. 华东师范大学学报(教育科学版),2016 (4):71 - 74.
② 殷献民,李志斌,彭志文. 财政性科研经费的使用问题及政策建议[J]. 北京社会科学,2012 (6):60 - 65.
③ 齐军. 财政科研经费监管现状与对策研究[J]. 中国管理信息化,2016 (20):70 - 73.
④ 周尊丽,高显扬. 基于风险导向的财政科研经费监管方法研究[J]. 财政监督,2016 (20):37 - 39.

科研经费管理主要受三大因素影响,即经费的合法合规性、科研信息的及时通畅度、科研人员的诚信度。经费的合法合规性是国家和高校对科研经费管理最严格的约束条件,是科研经费效益实现的基本前提和底线;科研信息的及时通畅度是有助于科研经费管理工作顺利实施的管理条件,是影响经费管理效率的速度因素,是实现经费效益的支撑条件;科研人员诚信度是科研经费管理必须面对的主观性最强的因素,是科研经费效益真正实现的保证。这三大因素渗透于经费管理的每个环节中并直接或间接影响科研经费效益。① 高校科研经费内部监管体系是以防范科研经费管理和使用风险、提升科研经费使用效益和效果为目标,以高校内部科研管理部门、财务部门、审计部门、监察部门以及基层管理单位和课题组等为主体,由"监管理念""监管过程""监管方法"等构成的一个持续的动态系统,其在整体上依托于高校内部控制体系和内部治理结构的完善。其中,监管理念主要取决于高校管理层重视程度、高校科研和财务管理部门的认知程度,并受科研项目负责人影响,它在一定程度上决定着监管过程和监管方法,并制约最终的监管效果;监督过程是基于时间因素,涵盖科研项目立项前、执行中和结束后三个阶段的监督和管理;监管方法从广义上讲是制度建设、教育引导、业务流程等方面的总称,从狭义上讲是有关科研经费信息获取、数据处理、经费使用评价和决策等具体方法。②

既有研究大多强调进一步完善政策制度的必要性,认为事后监管

---

① 王金妹,王爱华,朱霖昊. 高校科研经费管理风险分析及评估[J]. 财务与金融,2016(5):40-48.
② 李冬梅,夏午宁. 高校科研经费内部监管体系的构建及其优化[J]. 科技经济导刊,2016(25):3-4.

对于财政科研资金使用效率有积极影响。① 完善高校的科研经费监管制度，对提高高校科研经费使用效率起着重要的作用。② 在一个委托—代理理论框架下刻画了政府科研资金在不同地区高校间的配置结构影响教师有效使用科研资金的机理，认为只有通过更加严格的监管才能保证公共科研资金的有效使用。③ 也有学者认为，科研经费监管收紧又会束缚科研人员开展研究工作、影响科研工作的效率。④ 严格科研经费预算和审查制度，可以有效降低经费使用的随意性，提高经费使用效率，但这同时也使科研人员科研经费的使用降低了必要的灵活性。⑤ 现行的财政科研经费监管中存在以下问题：工业经济的发展理念和管理旧模式不符合知识经济时代科研规律，科技客体的市场导向与科研主体的行政隶属之间存在大量尚未解决的矛盾，科研经费管理中的主体关系错位失序，基于形式要件的过程控制无法保证实质效率，其中，形式要件和过程控制对于科研经费的规范管理是完全必要的，但随着这种形式要求的不断增加和细化，其边际效率却是加速递减的。如果过程控制过分严格，科研工作的自主性、灵活性和创造性就受到极大限制。⑥ 财政科研经费管理制度硬约束的核心是承诺的可信问题，首先是政府对科学研究者的资助经费分配承诺，其次才是科学研究者对政府

---

① Rajkumar, A. S. & Swaroop, V.. Public Spending and Outcomes: Does Governance Matter? [J]. Journal of Development Economics, 2008, 86 (1): 96-111.

② 万红波, 秦兴丽, 康明玉. 国内外高校科研经费监管比较研究[J]. 甘肃科技, 2012 (24): 14-22.

③ 孙早, 刘坤. 相对收入差异与科研资金配置——中国现行高校科研资金配置为何是基本有效的? [J]. 财经研究, 2014 (4): 4-14.

④ 陶元磊, 李强. 高校科研经费配置结构与科研绩效的门槛效应——以教育部直属高校为例[J]. 技术经济, 2016 (2): 42-48.

⑤ 姚玉鹏. 对我国科研助体系存在问题及深化体制改革的思考[J]. 中国科学基金, 2011 (1): 26-29.

⑥ 殷献民, 李志斌, 彭志文. 财政性科研经费的使用问题及政策建议[J]. 北京社会科学, 2012 (6): 60-65.

的经费使用承诺。我国现有的财政科研经费制度对政府承诺兑现的规定"是具有弹性的,是一种制度软约束",政府可以不按时拨付科研经费,可以对财政科研经费采取"一刀切"式的管理;而同时,要求科学研究者的承诺是"无条件的、具有刚性的硬约束"。这种不对称的制度约束机制,才是导致财政科研经费管理"不规范"的根源。①科研经费的制度设计更可能影响监督效力和预算效力;科研单位与科研管理部门加强监管能力,有助于全面提升科研经费的管理效力。值得注意的是,科研项目成本核算的难度并不是影响科研经费管理效力的主要因素,除预算评审制度外,其对科研经费其他方面的管理效力并不会产生显著影响。此外,与预期不一致,现行"刚性"的科研经费管理制度会在一定程度上抑制经费挤占、挪用的行为,结果反而提高了预算效力。②

财政科研经费监管失效主要是由于其背后的利益冲突问题,③因为科研成果本质上的不可验证性导致了委托—代理中的不完全契约关系,使得纵向的委托关系无法防范研究主体的道德风险,最终导致科研活动的低效率。事实上,当科研资助中存在着多层的委托—代理关系时,这种效率的扭曲会变得更加厉害。在本质上,在纵向的委托关系中,国家是最终的委托人,研发主体是代理人,而国家的有关科研管理机构则充当了监督者的角色。当管理机构作为第二级委托人和监督者与代理人的委托关系为不完全契约关系时,管理机构就容易和代理人形

---

① 胡明晖. 科学职业化视域下的财政科研经费管理[J]. 科技管理研究, 2016(15): 38-42.
② 张川, 娄祝坤, 王志成. 科研经费管理效力及其影响因素的实证研究[J]. 科学学研究, 2015(8): 1193-1202.
③ 常宏建, 方玉东. 利益冲突在中国政府科技资助体系中的表现及管理[J]. 中国科技论坛, 2015(2): 5-10.

成合谋关系。由于成果是不可验证的，政府作为最终委托人难以对代理人的成果和监督者的业绩进行有效的考核，使合谋关系很难被揭露。进一步说，虽然纵向委托中的监督者和代理人的长期合作关系对于解决代理人的道德风险是无效率的，但对于维持他们的合谋关系是有效率的。研发主体将节省下来的投资用于贿赂管理者，而管理者则将低质量的成果评价为高质量的成果以欺骗政府，最终导致低水平的重复。这就是我们经常发现的科研领域的腐败现象，并且这种现象由于成果的不可验证性而难以掌握确实的证据。①

（三）绩效评估

1993年，美国国会通过《政府绩效与结果法案》（Government Performance and Results Act，GPRA），首次从立法上对美国联邦机构绩效评价制度化，同时实现了政府绩效评估从"投入—产出"模式向"目标—结果"模式的转变，即根据各联邦机构所设定的任务目标和结果完成情况评估其绩效。② 其中，对于联邦机构中的科研机构和科研项目，美国预算办公室（Office of Management and Budget，OMB）和美国科学技术政策办公室（Office of Science and Technology Policy，OSTP）提出了R&D投资标准，建立R&D项目绩效评估的更加一致的标准。③ 美国学者Paul指出，商业表现与建立结果导向的管理是国家实

---

① 陈志俊，张昕竹. 科研资助的激励机制研究——分析框架与文献综述[J]. 经济学（季刊），2004（1）：1-26.

② Radin, B. A. The Government Performance and Results Act (GPRA): Hydra-headed Monster or Flexible Management Tool? [J]. Public Administration Review, 1998: 307-316.

③ Valdez, B. Evaluation of Public Sector R&D in the United States, Lessons Learned from GPRA and the Program Assessment Rating Tool (PART). US Department of Energy, 2005.

验室绩效评价的动因，同时，他还就美国国家标准与技术局的绩效评价逻辑模型进行了分析，并提出绩效评价模型的框架是由影响路径、关键结果区域以及评价机制三部分构成。美国联邦政府拥有众多的国家实验室，其中能源部实验室系统是世界上规模最大、综合性最强的研究系统。美国能源部每年对下属实验室的承包商进行绩效评估，以促进实验室管理运营效率及效能。绩效评估的核心是绩效评估与指标计划。该计划确定了8项绩效目标和若干项分目标。绩效评估工作由驻实验室办公室牵头负责。整个评估体系科学合理，制度化、程序化程度高。评估指标设置客观准确，评估主体呈多元化。评估结果最终在互联网上公布，并与实验室承包商的绩效奖励经费挂钩，而且是能源部与承包商续签实验室管理运营合同的重要考量内容。① 美国国家标准与技术研究院（NIST），作为一个实体机构，其整体评价框架按照指向不同可以分为三个层次：一是作为商务部的一个部门，接受联邦政府的政府绩效与结果法案（Government Penformance and Results Act，GPRA）和绩效评级工具（Performance Assessment Rating Tools，PART）评估；二是 NIST 的正式绩效评估报告包含在商务部的年度绩效报告中，NIST 主任委托国家研究理事会（NRC）对其下属的实验室研究中心同行评议；三是对其内部项目或者是技术开展的经济影响评估活动。这三个层次相辅相成，其中，第一个层次主要是使用 PART 工具对 NIST 的项目展开评价，在此基础上对 NIST 的整体战略绩效目标进行评估，这是国家层面对 NIST 机构的绩效评估，具有法律效力。后两个层次则是 NIST 为了满足国家的评估需求而开展的内部评

---

① 卫之奇. 美国能源部国家实验室绩效评估体系浅探[J]. 全球科技经济瞭望，2008，23（1）：35–40.

估活动，其中内部经济项目的经济影响评估又是作为同行评议和国家层面评估的基础材料支撑。① 德国马普学会科技评审制度的核心是"同行评议"，这种同行评议制度是最小投入、最大产出的专家质询合作网，其中包括事前评估、日常评估和事后评估。按科技管理与评估主体的划分，法国科技管理与评估系统主要包括四个层次，依次为：议会层次、政府层次、科研机构与高等教育机构层次以及独立第三方评估机构。议会和政府层次有多个机构具有科技管理与评估的职能。②

对于科研项目和科研活动的绩效评估，有助于建立重大科研项目实施的全过程控制，通过引入监理机制、实施过程创新管理、实施风险管理、规范资金管理、加强成果的社会化评估评价，③ 形成多种手段综合运用的协调管理方式，以提高重大科研项目的管理效率。一项"负责任的创新"，不仅重视市场在组织创新和实现社会目标方面的力量，还关注市场之外的社会成本。20世纪30年代，贝尔纳首次进行了测量科学活动的尝试，他运用英国研发投入占国民收入的比重作为测量指标反映其科学活动绩效。1963年，经济合作与发展组织（Organisation for Economic Co-operation and Development，OECD）出版的《弗拉斯卡蒂手册》为有关国家进行创新政策研究、测量研发活动及进行跨国比较提供了方法和规则。OECD在1990年编撰的《奥斯陆手册》为创新数据调查和政策研究提供了基本规则。如今，西方发达国家研发活动的统计数据已非常细化和健全，这为科学的技术创新政策

---

① 周建中. 美国标准与技术研究院绩效评估的实践、方法及启示[J]. 中国科技论坛, 2009 (1): 135-139.
② 杨国梁, 孟溦, 李晓轩. 法国INRIA管理与评估实践分析[J]. 科学学与科学技术管理, 2008, 29 (12): 172-177.
③ 倪健. 基于重大科技项目的管理创新研究[J]. 中国科技论坛, 2006 (5): 36-37.

评估提供了基础和条件。在具体指标方面,科学文献数量、科研活动的人财等方面的投入、专利统计数据、不同产业内企业的新产品销售额占企业总销售额的比例等分别用于反映科学研究、技术演进和在经济中的扩散等绩效。Nelson 认为在技术创新政策分析中,机构和制度方面很难离开定性分析方法,技术创新政策研究需要综合考虑定性与定量信息。① 在技术创新政策绩效评估中除了运用公共政策评估的模式以外,还出现了一些更有针对性的政策评估模型,如 Capron 的 R&D 政策经济效果的矩阵评估模型②、Kim③、Steil 等④、Forbes 等⑤也都对科技创新政策的科技和经济绩效进行过研究。

三、行文思路

回归科研经费形成的缘起,梳理科研经费资助制度演化的宏观和微观两条主线,同时,基于历史分析,抽取科研经费演化发展的主线,建构类型分析框架,并对应中国现行财政性科研经费的功能,进行分类和剖析。进而,对应不同类型财政性科研经费在管理实践中所存在

---

① Nelson, R. R. (Ed.). National Innovation Systems: A Comparative Analysis [M]. Oxford University Press, 1993.
② Capron, H. & de la Potterie, B. V. P.. Public Support to R&D Programmes: An Integrated Assessment Scheme. OCDE: Policy Evaluation in Innovation and Technology. Towards Best Practices. OECD. Paris, 1997: 35 – 47.
③ Kim, L.. Imitation to Innovation: The Dynamics of Korea's Technological Learning [M]. Harvard Business Press, 1997.
④ Steil, B.. Technological Innovation and Economic Performance [M]. Princeton University Press, 2002.
⑤ Forbes, N. & Wield, D.. From Technology and Innovation: Managing Technology and Innovation [M]. Routledge, 2002.

的问题进行归纳，进一步探究其制度性成因，以提出相应的对策建议，具体如图 1-1 所示。

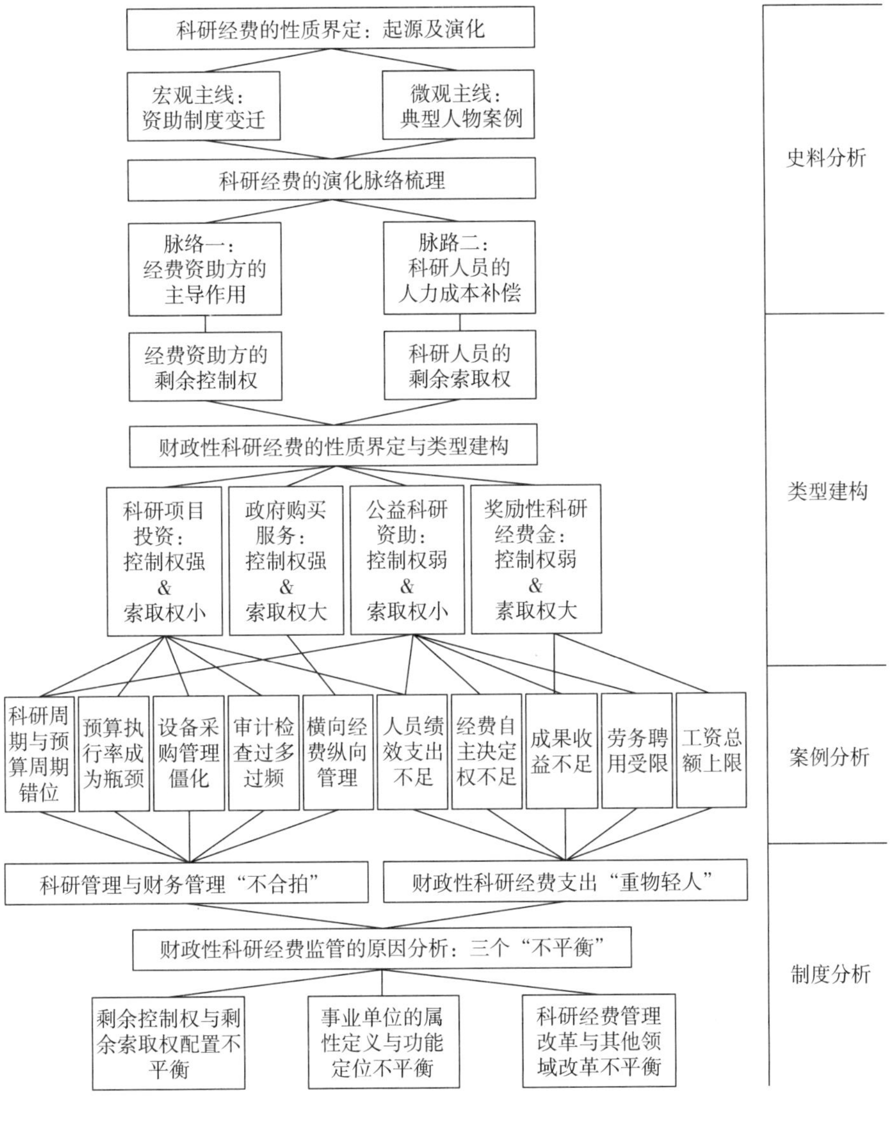

图 1-1 行文思路

第二章　科研经费资助制度的演化与现状

科研资助制度，旨在通过"为科学研究建立经济支持体系"，从而不断加强科学研究同外部环境之间的联系与互动。① 所以，在政治、经济、文化、社会等多种因素条件共同构成的环境制约之下，同时受到科学研究内在需要以及发展诉求的影响，科研资助制度往往呈现出不同的制度特点和表现形态。

从中世纪不关切社会的经院哲学式学术研究，到世纪科学学会关注自然科学进行的学术研究，再到世纪自然科学理论体系的学术研究，最后到两次世界大战以后大规模的"大科学"学术研究，学术研究的内在需求不同，所处的社会环境不同，和国家或者外部社会世界的关系不同，学术研究的经济支持系统在宏观层面经历了恩主制早期学会、工业实验室，公益基金会到政府直接资助模式等多种制度形态。

---

① 宋旭璞. 浅谈科研资助效应[J]. 当代教育科学，2012（3）：34-36.

一、宏观层面：科研经费资助制度的演化

（一）恩主制：科研人员全额供养模式

1. 恩主制产生的原因

一是科研工作呈现出"专门化"的趋势，并形成积极的社会效应。在中世纪以前，科学研究往往是贵族等"有闲阶级"的活动，因而无须专门的资助，外部主体也对其缺乏关注。到了中世纪后期，欧洲的王室贵族常常雇用诗人、音乐家、艺术家、机械师、自然哲学家等专门人员作为"门客"为自己服务，并纷纷成为学术研究的赞助者。"门客"的科研活动及其成果，往往对其"恩主"而言，具有一定的实用价值，更重要的是，具有象征性意义，可以成为其在王室贵族之间炫耀的资本，能够提升其社会地位，从而形成良好的社会效应。因此，无论是王室、贵族之间，还是"门客"之间，都存在着激烈的"文化竞争"。恩主们实际上并不关心科学和真理，他们在意的是名声与荣耀，以及出于巩固权力等的实用性目的。① 例如，1610 年，伽利略发现了木星周围的卫星，并把这个发现集中呈献给代表了意大利王

---

① ［瑞士］吕埃格. 欧洲大学史（第一卷·中世纪大学）［M］. 张斌贤等译，河北大学出版社，2008.

室的寇西默二世与其三个兄弟,作为回报,寇西默二世任命伽利略为宫廷哲学家和数学家,并给予全薪。由此可见,中世纪后期,统治阶层或者贵族阶层已经开始意识到科学研究的社会价值,而开始成为零星的资助科学研究的恩主。此时"恩主"资助科学研究并没有显著的目的性,因此并不具备资助制度形态。但学术研究因为获得资助而不断扩大范围,得到了发展。

二是科学学会的资金积聚促进了科学的兴起。中世纪以后,学会组织开始初露端倪,17世纪出现了科学的学会组织。成立于1662年的英国皇家学会和1666年的法国皇家科学院,其诞生标志着科学学会时代的来临。实质上,科学完成了近代化建制,是学术领域的制度革命。"正是由此开始,真正意义的科学共同体开始形成,一个专业科学家群体即有别于传统大学教师宗教身份的专门职业渐成气候,于是共同的组织活动规则、职业伦理规范也随之提上议程。"① 专门的课题研究、成员间交流、协作,需要皇家、王室以及社会私人权力和资金的介入。如英国皇家学会的活动主要依靠会员交纳的会费和富裕会员的捐助来维持。这些资助人通常对如何使用资金没有特别的要求,同时科研活动的方向和内容也不会因为资助人的意愿而发生改变。

三是社会发展、科学发展推动了恩主制。18世纪以前,由于科学劳动的简单性和科学目标的单一性,科学活动的规模较小,科研活动不需要太多的经费资助便可以完成;同时,社会发展对于科学进步的依赖程度也不高。18世纪,在学术领域中自然科学被重视,并在客观上带动了工业革命的发展,其所带来的力量也被社会承认和展现出来。

---

① 阎光才. "所罗门宫殿"与现代学术制度的缘起[J]. 清华大学教育研究, 2008 (1), 1-12.

但是，科学家自助式的科学研究活动已开始严重制约科技的发展，实验技术装备逐渐复杂起来，使得靠单个科学家的技巧很难胜任复杂的制造工作，科学研究广泛使用的"单参数"仪器，大大增加了科研费用，并且远远超过了科学家个人的承受能力。这促使以往零星式的恩主资助活动转化成具有资助目的的恩主制形态，"恩主"们抱着科技的经济效应、促进生产力发展的目的以及社会进步的责任来投入资助科学研究的活动中。

2. 恩主制的出现及其特点

自然科学的大发展促进了工业革命的快速到来，恩主们认识到科学发展能够转化成社会现实生产力的基本事实，而学术发展需要资金的支持。在寻找恩主的过程中，愿意支持科学研究的恩主们看到了科学研究带来的益处，学术和外部社会不得不发生密切的联系。① 此时吸引的"恩主"已经不单是以往追求资助学术研究提高其个人声望的王公贵族们，而是一些能够承担大额资助经费的企业家或者工厂主。恩主们企图通过支持自然科学研究，来获得经济利益或者实现资本的增值。

为了推动科学技术的发展，一些政府机构或者公司也成为资助科学研究的"恩主"，如1714年英国国会宣布设立额度为2万英镑的奖金，来奖励第一个发明海上准确界定经度的方法及仪器的人，其规定误差不得超过0.05度。虽然从表面上看，这是一种"悬赏制"的研发竞赛，但事实上，这是一种发生在科学研究之前的项目资助，完成任

---

① 李娜. 科学基金制度在国家创新体系中发挥重要作用[J]. 科技导报，2008，26（22）：102-103.

务后交付承诺资金的研究资助。①

恩主制中的"恩主"由为提高声望赞助科学研究的王公贵族变为获得资本增值赞助科学研究的企业家。这是学术发展需要以及学术和外部关系交错的必然反映。这种私人资金支持学术研究的资助制度客观上促进了学术的发展。

综上所述，恩主制具有以下特点：

一是实现了从科学家自助式到由恩主资助式的转变。恩主制改变了以往学术研究活动依靠学者个人财产资助的形式，通过寻找具有雄厚资金实力的"恩主"来有效地支持科学研究。恩主制将社会上个人的资金投入科学研究，一方面顺应和有力地支撑了自然科学逐步兴盛和发展，另一方面促进了科学成为经济发展和社会推动力。

二是恩主通常不会干预科研活动的方向和内容。"恩主"对科学研究进行资助时，虽然希望借助于学术的社会效应提高自己的声望，但是并不关切学术研究的价值和方向，没有要求具体的回报和实施严格的控制，学者的学术自由度非常高。大多数的资助者并不是基于投资的意识，而是作为一种慈善事业，这使得这些人不干预科学研究的过程，保证了学术研究在免受控制的情况下很少感染到"急功近利"的弊端。

三是资助方式具有非连续性和不确定性。恩主制是恩主们对个别科学研究进行的资助，具有不确定性，而且受到单个恩主资金数额的限制。恩主制缺乏具体的制度准则作为约束，这可能使得研究资助因为资助者的资金实力或者态度而中断，影响科研成果的产生效率。

---

① 陈志俊，张昕竹. 科研资助的激励机制研究——分析框架与文献综述[J]. 经济学（季刊），2004，(1)：1-26.

(二) 早期学会：人身供养+成果资助模式

1. 产生背景

一是科学共同体逐步形成。科学共同体（Scientific Community）作为科学的一种社会建制，是从事科学认识活动的主体，是推动科技创新，促进科技发展的主力军。该词是在20世纪40年代由英国物理化学家米切尔·波兰尼（Michael Polanyi）首次提出的，他指出"今天的科学家不能孤立地实践他的使命，他必须在各种体制的结构中占据一个确定的位置，每个人都属于一个由专业科学家构成的特定集团，这些不同的科学家群体形成了科学共同体"①。仅在16世纪的文艺复兴时期，在人文主义的运动潮流中，在欧洲就涌现了700多个学会组织，其中绝大多数在意大利。但与后期科学学会有所不同，这些组织涉及领域广泛，大多关注文化议题，如艺术、文学、语言等，尽管其中也有部分关注科学，但由于仅仅基于个人兴趣的少数人组合，组织松散，且接受资助多来自私人，在财政上不够稳定。② 换言之，在17世纪众多正式的科学学会形成之前，尽管欧洲也不乏各种学会组织，但整体上，科学作为一个有闲阶层的业余性研究活动，它依旧没有超越个人独立研究兴趣的层面，人们相互之间虽然也存在一定的社会网络联系，但基本处于一种所谓的更多通过书信往来进行沟通的"文

---

① Michael Polanyi. The Logic of Liberty: The Reflections and Rejoinders [M]. Routledge and Regan Paul Ltd., 1951: 53.
② Feldman, T. S.. Science Reorganized: Scientific Societies in the Eighteenth Century [J]. Science, 1985, 230: 61 - 62.

人之邦"(Republic of Letters)状态,由于没有正式的沟通机制、集体或官方认可,学术活动就很难谈得上有共识可言、有规范可循。①

二是经院哲学的基础出现动摇,科研活动集中于大学之外。17~18世纪,西方社会文化的亮点在外部社会而不是大学,尤其是科学研究,基本是由大学外部人士以及学会组织,如英国皇家学会、法国和德国的皇家科学院来承担。在文艺复兴和自然主义的影响下,基督教神学和经院哲学的基础动摇,不少神学家及其他学者不再将全部注意力集中在神学上,而逐渐将目光转向了自然界,并且放弃了利用纯粹的神学思辨方式来阐述世界。文艺复兴复活了古希腊科学,希腊科学的三个传统——数学传统、逻辑传统和试验传统,在理论思维和工匠实践的相互作用中形成了新科学范式。② 一些出类拔萃的学者在经院之外建立学会,漠视天主教权威而诉诸理性,制造科学仪器、发展科学方法,以探索真理。16世纪60年代波尔塔(G. della Porta, 1538 – 1615)在那不勒斯创建了"探索自然秘密协会"(Academia Secretorum Naturae),1603年弗雷德里科·切西(Fredric Cesi, 1558 – 1630)在罗马创建"猞猁学会"(Academia del Lincei)。正是由此开始,真正意义的科学共同体开始形成,一个专业科学家群体即有别于传统大学教师宗教身份的专门职业渐成气候,于是共同的组织活动规则、职业伦理规范也随之提上议程。

三是贵族阶级亲身参与到科研活动中。随着科学研究逐渐从个体式走向集体式,贵族对艺术家和学者的资助逐渐成为一种时尚,大量私人赞助的科学机构应运而生。学会尤其是科学学会的兴起与上层阶

---

① 阎光才. "所罗门宫殿"与现代学术制度的缘起[J]. 清华大学教育研究, 2008 (1): 72 – 77.
② 董光璧. 知识创新环境相关的历史检视:文艺复兴和宗教改革[J]. 科学, 2015 (1): 8 – 12.

级尤其是贵族阶级的兴趣常常重合在一起,贵族阶级不仅扮演着"恩主"的角色,而且亲身参与到科学研究中。猞猁学会则是典型的代表之一,它的成立不仅代表着研究者共同的知识追求,同时也是赞助者身份的一种象征,学会出版的书籍和著作也常常作为切西赞助的回报。在猞猁学会成立的第一次会议中,切西当选为学会的领导者,负责学会成员的住宿、经费以及其他各项科学活动所需的物资。此外,创立西芒托学院(the Academia del Cinmento)的美第奇家族是意大利文艺复兴时期新兴资产阶级最具代表性的一个,这个家族在商业上获得的财富和在政治上享有党派领袖的声誉一样负有盛名,同时在文化方面被誉为"意大利的翘楚",在他们周围聚集了一大批人文学者、思想家和自然的研究者。

2. 早期学会资助模式的形成

早期学会资助模式,发端于文艺复兴时期的意大利。1603年,切西王子创建于罗马的猞猁学会,被历史学家誉为欧洲最早的学院,猞猁学会开创了"崇尚自由地探索自然科学和认证科学成就"的科学理念,为之后学会的建立奠定了基础。与恩主制不同,除了资助学会成员的生活成本之外,学会往往还会资助成员的科研成果,1605年,埃克留斯完成了一篇关于新星的论著,并且在山猫学会的赞助下得以出版,这是学会自成立以来出版的第一本论著;此外,波尔塔完成了一篇蒸馏学的论文 *Adolescens Illustrissimus*,这篇文章最终于1608年在山猫学会的赞助下得以出版,之后,他又将两本书献给切西,一本是《曲线的基本要素》(*The Elementa Curvilinea*),主要涉及曲线几何,尤其是圆求方等问题;另一本是《大气的转换》(*The Transformations of the Atmosphere*），涉及陨石以及其他天象等问题。

为了促进传播伽利略研究精神，1657 年，在意大利佛罗伦萨，托斯卡纳大公菲迪南德·德·美第奇二世（Ferdinand Ⅱ de Medicis）及其兄利奥波德（Leopold）亲王的倡导和资助下——创建了西芒托学会。西芒托学会是欧洲最早的实验性科学组织，它是猞猁学会和伦敦皇家学会之间的过渡形态。西芒托学会是一个科学家的联合，不再是单纯地满足科学家个人的好奇心，而是进行目标明确的科学实验，旨在确保或验证对自然科学问题的各种理解，因而西芒托学会的制度建构，在欧洲近代科学思想史中占据前所未有的地位，也被认为是欧洲近代科学建制的开端。

3. 特征

一是资助的目标指向不再是科研人员，而是科研活动。这一模式与恩主制之间有着明显的不同，即恩主制的特征是"对人不对事"，其所资助的对象是科研人员本身；而学会资助模式则是"对事不对人"，其所指向的是科研活动本身。

二是资助对科研活动的内容本身并未形成直接干预，研究目标具有不确定性。猞猁学会成员的科学活动没有先后次序而且领域也各不相同，化学、生物学、天文学、博物学都囊括其中。学会的作用更多的是促进各位成员所获得的科研成果的发布和传播，而没有一个确定的研究目标。猞猁学会跟文艺复兴时期的其他学会一样，是通过友谊和对科学同样的兴趣而形成的个体科学家的联合。①

三是资助内容开始出现"成果资助"方面的内容。早期学会与恩

---

① 杨庆余. 西芒托学院——欧洲近代科学建制的开端[J]. 自然辩证法研究，2007（12）：96-99.

主制的一个显著差异就在于，学会作为一个科学共同体，往往能够基于学术价值鉴定对科研成果进行单独资助，从而将科研资助从针对科研人员科研成本和生活成本的"打包"资助中剥离出来，为科研活动的专门化奠定了基础。

四是学会的资助来源受制于恩主个体。以猞猁学会为例，作为一种私人性质的社团，它的动力和资金主要来自学会的中心力量——切西。在1630年切西突然离世后，学会丧失了最基本的经济来源，学会正常运作的活动，如实验、出版等也不得不停止，集体性的科学活动也无法继续下去；同时，学会的其他成员，或是由于个人生计的困难，或是由于宗教性的原因等也无法继续给予学会一定的资金支持；切西的离世也使学会失去了之前由切西的名誉和威望而带来的一切便利条件和基本保障，诸如教皇巴贝里尼中断了对于学会科学活动的一切支持。

（三）英国皇家学会：科研活动成本资助模式

1. 产生的原因

一是新兴工商业资产阶级与知识分子阶层的互动是推动皇家学会产生的物质力量。17世纪初期，虽然新哲学和自然科学的发展势头已经无法遏制，但哲学与科学中的保守势力在英国依然强大，并深刻地影响着牛津和剑桥等知识文化中心。① 以发展新哲学和自然科学为目标

---

① Shapiro, B. J.. The Universities and Science in Seventeenth Century England [J]. Journal of British Studies, 1971, 10 (2): 47-82.

的皇家学会能够在这种知识社会转型过程中发展起来,首先得益于当时伦敦的新兴工商业资产阶级与知识分子的互动所形成的比较进步的知识环境。商人是近代早期支持科学发展的主要力量,也是在皇家学会早期活动中占主导地位的阶层。特别是在商人影响下所形成的以格雷山姆学院(Gresham College)为中心的伦敦知识界,为皇家学会的发展提供了优良的土壤。①

二是传统经院哲学与新兴自然科学之间的分野成为推动皇家学会产生的知识基础。经过文艺复兴运动的洗礼,人文主义精神促使英国的知识领域发生了质的变化,传统经院哲学中的法学、政治学等学科逐渐开始世俗化。与此同时,自然科学也开始脱离自然哲学的母体,经验主义逐步取代了传统的亚里士多德演绎哲学的统治地位。教士、贵族、官员以及商人对自然科学的兴趣加速了其发展的步伐,同时他们也成为此后皇家学会的支持者或是会员的重要组成部分。贵族和王室的官员们也越来越多地资助学者进行各种实验,并通过这些资助来获得声誉。

2. 成型

英国皇家学会社团法人是近代早期科学社团的一种组织形式。皇家学会(Royal Society)发端于1645年伦敦格雷沙姆学院自发的聚会。格雷沙姆学院创建于1579年,是依照英国大商人托马斯·格雷沙姆爵士(Sir Thomas Gresham, c. 1519 – 1579)遗嘱的规定而建立的。格雷沙姆爵士是英国王室的财政代理人和皇家交易所的创办人,又是伦敦麦塞斯公司的负责人。由于对自然科学的喜爱,他在遗嘱中规定将其

---

① Syfret, R. H.. The Origins of the Royal Society [J]. Notes and Records, 1948, 5 (2): 75 – 137.

在伦敦的房地产和宅第捐赠出来建立一所以自然科学教育为目的的学院。①

皇家学会以促进培根哲学和自然科学的发展为宗旨,并于1660年正式建立科学学会。1663年皇家学会正式公布了学会章程。该章程规定,皇家学会的宗旨和任务是增进关于自然知识和一切有用的技艺、生产,实际机械和实验的发明。② 科学家们仍然必须用从事其他职业的收益来维持他们的生活和支持其科学活动,科学并没有成为一种职业,也没有一种国家提供经费的专门的科研机构。因此,17世纪英国的科学活动是一种业余活动。

1662年皇家学会获得国王的特许状,成为一个独立法人,特许状还依据《普通法》赋予了皇家学会社团法人以法人的名义购买与让渡、接受捐赠及捐赠、起诉或被起诉的权利。依据特许状的规定,皇家学会很快便以社团法人的名义开始了经济活动。

此后,经过皇家学会要求修改特许状的请愿,国王于1663年赐予皇家学会第二个特许状。1663年特许状仅对1662年特许状进行了部分修改,并不涉及基本权利的变更。在这些修改中,国王赐予了皇家学会两项新的荣誉。其中第一项是查理二世同意在特许状中宣称自己是皇家学会的奠基人和资助人,但是在成立15年内,国王并没有直接给予学会任何经济上的帮助③。然而,他们依仗国王的名义获得了许多贵族的资助,也通过国王获得了许多特权。皇家学会曾接受了一些科

---

① Johnson, F. R.. Gresham College: Precursor of the Royal Society [J]. Journal of the History of Ideas, 1940, 1 (4): 413 – 438.
② 张碧晖,王平. 科学社会学 [M]. 北京:人民出版社,1990.
③ Lyons, H. G. The Royal Society, 1660 – 1940: A History of its Administration under its Charters [M]. Cambridge, 1944: 23 – 24,53,72,443,41.

学家和贵族的遗产和捐赠①（占有了伦敦几座房产的使用权用于科学活动；此后它获得了切尔西学院及其所在土地的所有权，并将此学院改建为一所医院作为皇家学会的重要财政来源之一。除此之外，皇家学会还用1300英镑购买东印度公司的股票，通过金融手段来获得财富②）。学会的主要收入来源还是会员的资助，成立前期为了宣传学会扩大影响，对会员身份几乎不做要求，只要对实验科学有兴趣，经推荐选举后均可进入，贵族还享有入会优先权，因为学会希望贵族、商人等经济充裕的会员能够给学会提供经济上的帮助（真正的科学家大约只占1/3）。

这些接受捐赠和投资所获得的财富成为皇家学会科学活动顺利开展的有力保障，也帮助皇家学会渡过了建立初期所出现的财政危机。根据英国法律，法人所购买的土地可以提供给其成员及其继承人使用。③ 这使皇家学会社团法人所拥有的土地以及积累的其他动产与不动产因受到普通法的保障而永远被继承下去。这些受到保护的、不断继承和积累的财产成为日后皇家学会社团法人进行各种试验、购买试验设备、建立奖励制度的重要财政保障。

皇家学会组织科学研究活动有两种方式，分别是每周的例会和常设的进行不同领域科学研究的委员会。在每周的例会上，会员们可以把自己的新研究或新的实验介绍给其他学者，引起大家的讨论。学会还会在会议上把具体的研究项目分配给有兴趣的会员个人或小组，并要求他们及时向学会汇报研究成果，学会将全力资助这些项目的研究。

---

① 程西筠，王璋辉. 英国简史 [M]. 北京：商务印书馆，1981.
② Lyons, H. G.. The Society's Finances [J]. Notes and Records, 1938, 1 (2): 73-87.
③ Campbell, N.. Blackstone's Commentaries on the Laws of England [J]. Canadian Law Libraries, 2002, 27 (5): 235.

例如，布龙克尔爵士曾承担进行枪炮反冲实验的任务；玻义耳应邀演示他的抽气机的工作原理。学会每周的例会为不同领域的学者提供了一个相互交流场所，也成为知识传播和检验有效知识的便捷载体。这种交流很容易使不同学科之间的学者产生共鸣，促使某一学科的理论应用于其他学科。除每周的例会之外，学会还建立了分管不同领域研究的8个委员会。①

3. 特点

一是资助来源以社会筹资为主。英国皇家学会不像法国科学院那样有政府独特呵护及庞大的财政支持，它保留了民间团体的属性，拥有自我决策、独立发展的自治权利，皇家学会仅仅得到一张皇家特许状，靠入会会费、会员捐赠、私人资助求得发展，这样的社团很难达成组织和合作。

二是资助的对象是科研活动成本，不包含科研人员的生活开支。早期的皇家学会往往是基于每周例会的形式开展实验科学的"沙龙"，以实验的方式为主，组织科研人员开展研究。由于英国皇家学会为私人学会，因此其资金主要来源是成员以及皇家的捐助，但资助人通常对资金使用并没有特别的要求，大量资金也主要用于日常活动的组织以及实验研究设备等方面，而无力支付科研人员的生活开支。

---

① ［英］亚·沃尔夫. 十六、十七世纪科学、技术和哲学史［M］. 周昌忠、苗以顺等译，北京：商务印书馆，1984：73.

（四）法兰西科学院：基于专业水平的职业化资助模式

1. 产生的原因

一是受到意大利和英国皇家学会的影响，形成了科学共同体。巴黎科学院的历史可追溯到17世纪初，它的建立显然受到了意大利的科学团体和伦敦皇家学会的鼓励。1635年，修道士麦森尼的修道室成为科学家聚会和交换科学信息的地点，麦森尼去世后，聚会经常在时任国务会议参事的蒙特摩家里举行。

二是科研活动职业化发展的必然趋势，导致科学院组织架构的形成。专业化重点解决的是科学知识生产的可靠性问题，因此科学研究的方法与技术、建立专业交流和同行评议的制度成为关键。但职业化要解决的问题是如何把生产出来的知识产品"卖"给消费者，并因此形成一种投入—回报的机制，应该说这个问题不解决，科学的建制化依然是没有最终完成的。

2. 形成

1663年，时任法国国务会议参事的蒙特摩向路易十四的财政大臣科尔佩进言，科学进步将使法国在经济上获得收益，请求资助科学。1666年12月22日，在经历了3年的接触和联系后，国王和首相认为科学可以为王权增光，加强统治力量，法国科学院因此成立。法国科学院设有两部，即数学部和物理学部，前者包括所有的"精确科学"，后者则包括所有的"实验科学"，两个学部都是由各个领域的专家构成的，第一批院士仅有 15 人。由于这些院士以自身的科学研究为职业，其生活费用由国家供给，他们是历史上第一批以科学为职业的专门科学家。

1699 年法国科学院进行了重组，路易十四为这个组织赐名"巴黎皇家科学院"（Academie Royale des Sciences de Paris），人员编制略有扩大。按照新的规定，院士分为不同的等级，不同等级的院士享有不同的待遇和权力。如在力学、天文学、化学、解剖学、几何学等学科中，每一学科可以设有三个领取皇家薪金的院士，每个院士可配有两名助手和一名学生。这是科学组织中实行的最早的分工制，也有人称这是最早的研究生导师制。法国政府为巴黎皇家科学院提供场所、运作基金以及高级会员的津贴。由此可见，法国科学院的建制已较为完善。

1721 年，巴黎皇家科学院发起了一系列有奖竞赛，由院士们选取当前有重大价值或影响的科学问题，向各界征求解决方案，并成立专门委员会对结果进行评判。这些问题既包括木星和土星的运动偏离等科学问题，也包括巴黎街道的路灯等应用问题，还有那些与海军舰队和商船密切相关的问题。在 18 世纪末期，由于经费困难和大革命的影响，该竞赛一度停止。法国科学院成立后恢复了由国家出资设立的年度"大奖"（the Grand Prix）。

1816 年，复辟的路易十八下令恢复旧制，"国家科学和艺术学院"被改组为"法兰西学院"。改组前，科学院虽然受到财政支持，但它主要还是带有荣誉性质的科学家组织，类似于伦敦皇家学会。改组后，法国科学院更多地成为一个由国家资助的科学研究机构，主要任务是组织科学家解决国家面临的重大科学和技术问题，并组织实施科学研究活动。

3. 特点

一是资助方式实现国家全额资助。与伦敦皇家学会相比，18世纪的巴黎皇家科学院作为政府机构的特色更明显，其成员人数较少，限制更为严格，通常都会获得薪金，并且其公务的界定也更加清晰。科学院的经费由国王提供，首批56名院士都有津贴，因此科学院也具有皇家常设咨询机构的性质。

二是科研活动出现了职业化的雏形。巴黎皇家科学院的成立，标志着法国出现了人类历史上第一批职业的科学家，他们享有来自政府的稳定而丰厚的津贴和科研经费，这是巴黎皇家科学院区别于文艺复兴时期的学会，乃至伦敦皇家学会的重要特征之一。特别是1699年改组后，在巴黎，对于一个几何学家或一个化学家，能取得科学院的一个席位就可终身衣食无忧。

三是科研资助包含了生活津贴和科研成本两个方面。在法兰西科学院，科研人员的生活津贴和科研成本已经明显地区分为两个不同序列，但是，其科研资助中包含这两个方面。科学院成立之初，路易十四国王同意用年金保障院士的生活，并特意下令拨一笔资金专供进行实验和购置仪器之用。①

四是科研资助能够对选题发挥一定的调解作用。但接受官方资助的代价是，学者研究的自由探究精神受到一定程度的影响。法国皇家科学院往往由学会权威提出研究问题，并广而告之，鼓励人们来参与研究，最终对成果进行评估和评选，给予被认可者奖励。由于科学院

---

① [英]梅尔茨. 十九世纪欧洲思想史：第一卷[M]. 周昌忠译. 北京：商务印书馆，1999.

丰厚的奖励和严格的规章制度，从而使他们的论文水平比伦敦皇家学会高出很多。①

（五）德国洪堡改革：基于职业特征的职业化资助模式

1. 背景

西方现代意义上的大学起源于中世纪，人们普遍认为，中世纪的大学是一种探讨学术的师生团体，并且是以教学和专业利益为核心的行会组织②，是作为一种"集体性探索高深学问的机构"。这一时期，宗教神学和经院哲学在文化领域占统治地位，自然科学在神学的笼罩下，成为神学的"奴仆"，神学也就成为大学中的显学。在此背景下，中世纪大学的职能趋于单一，教学几乎成了大学的全部任务。知识的传授在大学中处于主导地位，科研遮蔽于教学之中，之所以说是遮蔽，并不是说大学中不存在科研活动，而是相对教学来说处于隐性位置。③到了19世纪，在德国（当时为普鲁士），开始了一场针对中世纪古典大学模式的现代化大学改革，其成因主要有以下几个方面：

一是由于古典大学制度发展遭遇瓶颈，到了中世纪后期特别是17和18世纪，大学普遍腐朽败坏，无论在法国还是英国，大学都成为社会各界批判的对象④，在德意志，大学也同样脱离于时代和社会，结果

---

① 杨庆余. 法兰西科学院：欧洲近代科学建制的典范[J]. 自然辩证法研究, 2008 (6): 81-87.
② 罗兰. 大学创新职能研究[J]. 当代教育理论与实践, 2011 (12): 17-19.
③ 肖海涛. 一种经典的大学理念——洪堡的大学理念考察[J]. 深圳大学学报（人文社会科学版），2000 (4): 80-86.
④ 叶赋桂, 罗燕. 大学制度变革：洪堡及其意义 [J]. 清华大学教育研究, 2015 (5): 21-30.

在 1792 年到 1818 年,德语世界中一半以上的大学消亡了;① 二是由于大学科研职能的凸显,中世纪古典大学所注重的是"与世隔绝的精英教育",讲究培养完整的人,对于社会的发展需求并不重视,而随着生产力水平的提高,科学技术的进步和社会的发展,特别是商品经济的发展与新型产业的出现,科研的职能日益凸显出来,成为大学的基本职能之一;三是外部环境所迫推动大学改革。法兰西科学院的成功,给德国政界和学界带来危机感和紧迫感,洪堡、谢林、费希特等人纷纷呼吁要进行大学改革。

2. 具体案例

"德国教育之父"和"现代化大学的奠基人"威廉·冯·洪堡于 1810 年 9 月 29 日宣告了柏林大学的诞生。在总结自启蒙时代以来的教育思想和大学发展一般趋势的基础上,根据"科学、理性、自由"的精神,洪堡提出了著名的"洪堡大学三原则",即"大学自治""学术自由""教学与科研相统一"。② 其中,"教学与科研相统一"原则对现代化大学的影响十分深远,围绕这一原则,洪堡对大学进行了系列改革,并明确提出大学要开展科研,使教学与科研结合起来。作为改革的重要"试验田",柏林大学的科研投入随之明晰化③,增加了哲学和自然科学的内容,建立"讲席制",即设立由政府资助的终身讲席下的导师制度,大学的教师要开展科研,使教学、科研以及教授和学生

---

① Fallon,D.. The German University. A Heroic Ideal in Conflict with the Modern World [M]. Colorado Associated University Press,1980.
② 李工真. 现代化大学的由来[J]. 国家教育行政学院学报,2013(9):3-7.
③ 徐锋,余自娥. 发达国家大学科学研究投入的特点[J]. 湖南师范大学自然科学学报,2003(4):86-88.

的共同研讨结合起来，使学生受到科研的训练。①

柏林大学在神学、法学、医学、化学、农业、语言、物理和数学等学科设立讲席，并从欧洲聘请相应领域的杰出学者担任讲席教授（讲席教授由政府任命，并且终身任职），主持运行围绕讲席成立的集教学与科研功能于一身的研究所（或实验室）。② 柏林大学的创办使科学研究成为大学的首要任务，洪堡的大学思想因而得以确立，讲席制度成为现代大学办学理念得以存在和发展的制度保障。从此，讲席制在德国大学获得新的活力，并成为德国大学重要的大学制度，研究所成为德国大学经典的学术组织形式。③

讲席制度下，大学教授是他的研究领域中的唯一的讲座持有者，同时也是研究所的唯一的负责人。研究所是一个独立的研究和教学单位，拥有全部必备的人员和设备，在其研究领域中，研究和教学由教授负责，整个研究所的课程设置、考试安排、教师的聘用和科学研究工作都在教授的绝对控制之下。讲席制使教授集研究与教学于一身，使教授在大学内部享有很高的学术管理和行政管理的权力。④

3. 特点

一是从科研人员的身份上看，以讲席教授为代表的科研人员拥有"终身制雇员"的身份，讲席教授往往由政府任命且终身任职，并围绕其建立"集教学与科研功能于一身的研究所"，对于研究所的相应事务具有绝对的控制权力，这也意味着"研究工作开始成为一种正式

---

① 徐超富. 大学第二中心：科学研究的演变轨迹及其特点[J]. 中国软科学，2003（12）：106-109.
② 赵红州. 德国科技称雄百年——世界科学中心的变迁[J]. 科技文萃，1995（6）：113-115.
③④ 孔捷，迟芳，Matthias Hahn. 从讲座制到学系制——兼论德国大学与美国大学的相互影响[J]. 江苏高教，2011（2）：150-155.

职业，科学家开始有了正式位置"①（这与法兰西科学院相比，后者仍具有一定荣誉性、选拔性的色彩，而非真正意义上的"职业化"）。

二是从科研经费的性质上看，其所获得的资助属于包含"薪酬＋科研成本资助"的全额稳定性支持经费，以讲席教授为代表的科研人员能够获得政府财政资金的稳定支持，并且对于其所获得经费具有较强的支配权，能够自主决定资金的使用方式，因此，资金的一项重要功能就是支付包含讲席教授在内的研究所科研人员薪酬。

三是从研究内容上看，洪堡倡导的科研是一种"纯科学研究"，"为科学而科学"的研究目的是出于好奇心和求知欲，探索未知，通过"发现"而达到精神上的自我实现。②

（六）工业实验室：企业主导资助模式

1. 产生的原因

一是科学建制化的速度进一步加快。19 世纪被称为人类文明史上的"科学世纪"。自此，科学逐渐形成了较为完整、成熟的体系，"科学获得众多大发现，而且各门专业学科（disciplines）从科学母体中分化出来"。同时，科学职业化的进程也逐步完成，"科学全面地进入大学的课程体系，还创办了一批专门的理工科大学，科学不再是少数绅士的业余活动，而是以教师为职业的科学家的有组织活动"，培养了大量经受专业科学训练的毕业生，并逐步地被整合到政府部门和工业部

---

① 陈光. 略论近代科学的制度化过程[J]. 自然辩证法研究, 1987（4）：40－50.
② 吴立保, 张建伟. 论科研与教学关系：非线性思维的视角[J]. 南京师大学报（社会科学版），2012（2）：83－88.

门中。①

二是科学、技术与工业的结合日益紧密。进入电气时代,"技术发明主要是科学应用的结果,科学成为技术的先导"②。随着"科学原理—技术应用"之间的周期缩短,减少了"获取技术收益的不确定性"。"当科学充分展示其有利可图性之后,工业企业雇佣受过大学训练的科学家,建立工业实验室,形成了技术创新制度。"③

三是工业企业的外部创新成本"内部化"的要求。19 世纪早期的企业家往往通过购买发明专利等方式来获得新的技术成果。但是,其逐渐意识到,"购买发明专利不仅成本高,还容易引起法律纠纷,不如自己在企业内从事技术创新"。于是,企业开始通过"雇佣科学家进行独立的研究工作"的方式,开展技术创新和技术发明。"科学被资本雇佣,服务于资本,同样在资本控制下的技术就迫不及待地要求科学研究按照技术的原则体制化和规范化,或者按照技术的原则改变原有的科学研究活动,其目的是以高效率的形式实现资本对剩余价值的追求。"④

2. 工业实验室模式的形成

工业实验室"最早可以追溯到 1900 年,就是第一次技术革命末期和第二次技术革命的开始",主要是以德国为代表,其特征是以"有组织的实验活动逐渐取代了工匠发明的传统"。⑤

---

① 刘立. 论工业中科学制度化和科学职业化[J]. 科学技术与辩证法,1996(5):44-49.
② 王耀德,刘立. 论从基础科学中获得技术收益的主体不确定性[J]. 江西社会科学,2003(7):211-214.
③ 刘立. 论工业中科学制度化和科学职业化[J]. 科学技术与辩证法,1996(5):44-49.
④⑤ 盛春辉. 论技术与资本互动的历史与逻辑[D]. 东北大学博士学位论文,2013.

"在大学实验室、独立实验室、政府实验室的纷纷建立中,在科技界和企业界的参与、示范下,科研活动与经济活动最终成为企业组织的一部分,工业实验室在科技与产业发展中的地位和优势开始被凸现出来。"① 德国的拜耳(Bayer)、巴斯夫(BASF)等化工或制药公司,率先开展了现代意义的工业研究。拜耳最早研究茜素并且在柏林大学建立了实验室。1865年,此前曾经是赫奇斯特燃料公司职员的格雷贝加入了拜耳实验室;次年,利伯曼也从公司转入实验室。在拜耳领导下,1868年,他们合成了茜素。

工业实验室主要组成要素包括四个方面:一是研发的主体,即科学家和工程师、服务人员和管理人员;二是研发的客体(研发的目标、研发资源);三是研发过程;四是研发环境和文化背景。这四个方面都离不开资本的扶植。

从研发的主体而言,尤其是科学家和工程师,相对充裕的时间和金钱是至关重要的。因为在技术创新中,提出问题、发现问题比解决问题更重要。当他们有足够的收入,免除他们的后顾之忧,他们才能有相对充裕的时间来从事科研。②

企业通过建立工业实验室,开始成规模地雇用科研人员。以德国为例,在德国,巴斯夫、赫希斯特和拜耳三家公司中,雇用的化学家人数与大学相比,其比例在1865年为1:24,到1875~1880年,已超过了大学。1890年前后,一些大企业开始建立和扩充所属工业实验室。到1890年,德国整个化学工业的雇员与科学家之比为37.5:1。当时,在石油工业中,这个比例是84.7:1;在重化工业中,比例是67.1:1;在

---

① 赵克. 工业实验室的社会运行论 [D]. 复旦大学博士学位论文, 2003.
② 盛春辉. 论技术与资本互动的历史与逻辑 [D]. 东北大学博士学位论文, 2013.

人工肥料和炸药工业中，比例是60∶1。①

母体公司对工业实验室的资助主要采用"向工业实验室直接拨款"的方式，公司向工业实验室直接拨款又主要通过年度预算来进行，而年度预算通常按工业实验室研究人员的人头数乘上一个固定金额来计算，或者按公司销售额的一定比例等方法来计算。②

由于资本的慷慨捐助，科学为它的支持者带来了巨大的财富。杜邦从一个火药制造商变成了拥有大量发明的巨型化学公司，IBM从一个生产打字机的小厂发展成了全球最重要的计算机技术的超级帝国。19世纪80年代，美孚石油公司建立了工业实验室，该实验室采用"科技专家组织化"方法发明了重油裂解和管道运输等技术，使洛克菲勒财团的资产在1913年占美联储资产总量（1.45亿元）的13%。因此，"工业实验室的创立，实际上是构建了资本与技术结合的中间体"。③

后期的工业实验室逐渐发展成为"R&D公司"，即公司实验室化和实验室公司化。公司实验室化是指一些大企业内部的实验室成为独立的法人代表，建立公司；实验室公司化是指一些大的独立的实验室变成公司或者企业。二者的本质是一致的，即公司和实验室一体化。这种介于企业和科研组织的中介机构被称为研究与发展公司（R&D公司）。R&D公司，主要特点是科学研究成为相对独立的生产、经营和商业运作的社会组织，知识在人类生活世界中的地位凸显，知识成为财富，科学资本化。R&D公司成为现代科技型企业运行的具体组织形式和运行方式。

---

① 赵克. 工业实验室的社会运行论［D］. 复旦大学博士学位论文，2003.
② 郭金明，杨起全. 工业实验室的变迁［J］. 科学学研究，2011（12）：1792-1796.
③ 盛春辉. 论技术与资本互动的历史与逻辑［D］. 东北大学博士学位论文，2013.

3. 工业实验室模式的特征

一是使企业对科学研究的资助行为进入制度化的轨道，标志着技术创新制度的确立，科研活动正式被纳入企业的职能范围之内。企业资助科研活动的行为，已有较长的历史，其最初的特征主要体现为慈善捐助性质或合伙投资性质，都不属于制度化、常态化的行为，受资助主体、资助对象以及资助环境等多方面因素的共同影响。但是，随着工业实验室作为一种组织形态，被纳入企业的架构体系，就意味着企业对科学研究的资助呈现出制度化的特征。工业实验室的建立，标志着企业技术创新制度的确立，极大地促进了经济的发展。① 同时，科研人员成为企业工作人员，也意味着科研活动正式成为企业的一项常规职能。

二是科研人员的角色开始转变为企业的雇员，由企业为其提供较为固定的薪酬和科研活动成本。由于科研人员以雇用的形式进入企业内部的工业实验室工作，他们可以通过自身全时的应用研发活动获得稳定的生活报酬，并获得相应的科研配套条件，从而可以全身心地投入科研工作。②

三是研究内容往往具有明显的目标导向，甚至是任务导向。在工业中，科学不再是好奇心驱使下的自由探索，不再是以追求科研论文等形式的成果发表为目标，而是从事讲求实效、以实现企业利润为目标的研究活动。③

四是职业工程师（或应用科学家）群体逐步形成。自19世纪后期

---

①③ 刘立. 论工业中科学制度化和科学职业化[J]. 科学技术与辩证法，1996（5）：44-49.
② 赵克. 工业实验室的社会运行论 [D]. 复旦大学博士学位论文，2003.

开始，企业的科研内容日渐形成分野，基于自主探索的科学研究与基于规范化操作的技术开发（如检验检测等）区别开来，"对精密化的科技，尤其是对在研究机构或工业实验室中所使用的科技的需求量不断增长"，导致一大批"受过科学教育的技师和对技术感兴趣的科学家"群体日益涌现出来，以工程师或应用科学家的名义开展工作，并逐步与那些在大学中从事"纯科学"研究的科学家区别开来，[①] 从而在社会中形成了职业化的应用科学家、工程师群体。

（七）公益基金会：第三方中介资助模式

1. 产生的原因

一是来源于私人的捐赠。科研资助最早来源于富裕的捐赠者和他们的慈善基金会。以美国为例，在拓荒时代，早期最重要的公益组织是成立于1743年的"富兰克林基金"。富兰克林基金的资助对象是在波士顿和费城两地"有优良声誉的已婚青年发明家"。因为当时的科研主要表现为个人的兴趣爱好，所以早期的科研资助集中在科学家个人。到19世纪70年代，对科学家个人的资助平均每年高达600万美元。在私人捐赠发展过程中最具跨时代意义的是1873年通过约翰·霍普金斯遗产资助建成世界上第一所研究型大学——霍普金斯大学。美国的科研资助从私人捐赠中产生是历史发展的必然趋势。美国人秉承了清教徒重视教育的传统和慈善的观念，为美国科研的私人捐赠奠定

---

① 崔家岭. 魏玛时期的技术物理学——拉姆绍尔、通用电气公司与现代性的挑战[J]. 科学文化评论，2010（4）：38-55.

了良好的社会思想基础。①

二是来源于企业的捐赠。随着产学研合作的日益密切,19世纪,陆续有企业开始支持大学物理和工程方面的研究项目,但都只是进行一些零散的合作。企业加入科研资助的过程可以归纳为三种模式:"贡献模式""松散结合模式"和"紧密结合模式"。② 1906年,麻省理工学院电气工程系设立了电气工程研究部,定期收到大公司的捐款。20世纪30年代,斯坦福大学电子工程系与该地区的高压动力传输公司和无线电工程公司合作开展科研。随后,企业逐步通过建立基金会的方式,来对大学等科研机构开展制度化的捐赠。

三是得益于相关政策的支持。以美国为例,其从1909年开始实行的免税法规也保障和促进了私人捐赠的进一步发展。美国政府在税法中对私人基金会及其捐款人给予免税优惠(税法501C),一些私人财团相继建立了以个人命名的私人基金会,如洛克菲勒基金会、福特基金会等。

2. 模式的形成

(1) 美国。

直到19世纪末,现代基金会在美国才真正兴起,这时共成立了20多个比较大的基金会,几乎都是以救济儿童、寡妇、老人等为主要目的,只有一个例外,那就是1864年用美国科学家J·史密松尼给美国的遗赠建立的史密松尼研究院,其主要目的是促进知识的增长和传播。

20世纪初,美国的私人捐赠开始从"零售"救济式捐赠转向制度

---

①② 李优晶. 美国大学科研资助模式的发展特点及影响[J]. 教育与考试, 2011 (1): 85-88.

化的"批发"式捐赠①,相继建立了一些私人基金会,如 1911 年成立的卡耐基基金会,旨在"在最广泛的范围内,以最自由的方式资助探险、研究、发明及知识的应用,改善人类生活";1913 年在纽约注册的洛克菲勒基金会直接冠以"促进全人类的幸福"的宗旨;1936 年成立的福特基金会等。在这一潮流中,1900~1929 年美国共成立了 211 个基金会。

美国基金会对科学的支持可分为两个阶段。第一个阶段约从 1910 年开始,特点是集中支持美国乃至世界的许多大学的科学系科及研究机构的发展,这种资助持续到 20 年代末;第二阶段,从 30 年代开始,基金会对科学的资助转变为主要对科学研究者个人进行资助。

1920 年前后,一些大型基金会开始对自然科学和社会科学事业进行支持,其中最著名的是洛氏慈善机构,当时他们还没有采取资助个人研究的形式,而是采用对一些水平较高的科研机构及高校的科学系科进行一揽子资助的方式,给予的资助包括建筑、仪器、维持费等,对个人只提供奖学金式的帮助,但通常不由基金会而由学术团体决定。实际上他们是对科学的物力、人力进行"投资"。1919 年卡内基公司给予国家研究理事会 500 万美元,用于团体活动,另外还提供 800 万美元,用于国家研究理事会的机构、研究所活动;洛克菲勒基金会也为国家研究理事会奖学金计划提供了大量的经费。

对科学机构进行资助的政策到 1930 年前后开始转变,到 1940 年,对个人研究的资助已经成为基金会对科学资助的主要方式。这一转变的实现主要是基于以下三个原因:

一是经济原因。美国科研机构数目的增多及规模的不断扩大,使

---

① 李优晶. 美国大学科研资助模式的发展特点及影响[J]. 教育与考试, 2011 (1): 85-88.

基金会固定的收入难以在机构建设和维持方面保持重大影响,而科研费用相对较少,大萧条的降临也加速了这一转变的实现。

二是历史原因。前一时期对机构的资助已经开始发生效用,原先投资的建筑、仪器,培养的人员都为研究的深入进行打下了良好的基础。

三是观念原因。当时的基础研究还未得到政府及企业界的重视,那时美国用于应用研究的经费是2亿美元,而基础研究只有1000多万美元;从事应用研究的科学家、工程师有3万多名而从事基础研究的人员只有4000多名。这样,基金会认识到"基础研究将是基金会的主要机会之一"。①

(2) 德国。

19世纪后期,普鲁士科学院聚集着一批以促进科学研究为目的基金会。普鲁士科学院的第一个基金会是1860年成立的亚历山大·洪堡自然研究和旅行基金会(Humbold – Stiftung fêür Naturforschung und Reisen),资助科学家的研究和旅行,是亚历山大·洪堡基金会的前身。资金规模最大的基金会是海克曼—温彻尔基金会(Hermann und Elise geborene Heckmann Wentzel – Stiftung)。

从基金会持有资金的来源上看,可以将这些基金会分为两类:一类是来源于单个私人所捐赠的资金,另一类则是来源于公共机构所做的捐赠。柏林市科学院百年庆典基金会就是后者的例子。

根据基金会与普鲁士科学院的关系的紧密程度可以将它们分为两类:一类是附属于科学院的基金会,由它直接支配;另一类是与它关

---

① 朱锐. 美国私人基金会对科学的资助——对其历史、经验的考察[J]. 大自然探索,1988(2):119 – 126.

系密切、对它有较大影响的基金会。第一类基金会有亚历山大·洪堡自然研究和旅行基金会、海克曼—温彻尔基金会等。附属于科学院的基金会超过40个。它们中的大多数是在1880年以后建立的。这些基金会都以科学活动为目的，有的只资助特定学科或特定活动，比如科学考察，有的则没有指定特定的学科。海克曼—温彻尔基金会就没有特定学科的限定，夏洛特语言学基金会则只针对语言学研究。

普鲁士科学院对这些基金会的控制是通过在这些基金会的理事会中占据主导地位来实现的，也就是在理事会中占有多数席位，并且能够控制理事会的活动。以海克曼—温彻尔基金会为例，理事会是它的领导机构，文化部是其监察机构。理事会共有7名成员，由文化部部长和6个院士组成，科学院的两个部各有3人，并且每个部3人中的1人要由该部的1名秘书担任，另2名成员每五年一次选举产生。理事会的组成结构保证了普鲁士科学院对该基金会的领导。每个院士对于基金会的资金使用都有建议权。另外在其基金会章程中明确指出，它是为普鲁士科学院的利益服务的。

第一类基金会，亚历山大·洪堡自然研究和旅行基金会的理事会的5名成员中有2人是科学院的本地院士；理事会在每年的3月15日向科学院出示资金使用状况。有一些资金规模小（最初的基金会资金没有超过10万马克的）的基金会由科学院直接管理，比如亥姆霍兹基金会和特奥多—蒙森基金会。前者由物理—数学部管理，后者由哲学—历史部负责。这两个基金会的财产也是科学院财产的一部分，并且对外由科学院代表它们。埃德伍德·格哈德基金会和格拉夫·鲁巴特基金会也属此类。

这些基金会中只有亥姆霍兹基金会和柏林市科学院百年庆典基金

会明确以支持和促进自然科学的发展为目的,大多数中小型基金会都以支持人文科学为目标。自然科学从这些基金会中受益并不多,因此它们对于促进自然科学的发展很有限。①

3. 主要特征

一是多元社会主体联合的社会资金筹措。公益性科学基金制将捐赠者个体的资金筹集起来作为科学基金,其大额资金可以满足科学研究日益深入的研究需求,可以保障科学研究资助的连续性。将各种社会团体、企事业单位及个人的拨款或捐赠的资金筹集在一起作为科学基金,此种形式构建了一种集合社会财富的制度形式。其经费来源广泛,较为稳定,社会影响深远。

二是制度化的管理和对项目直接资助。科学基金制实行独立机构内由科学团体或团队来管理的形式来具体运作。这种制度化的管理形式,能够保障资助的科学性、连续性、高效性。同时在出资方和受助方中间加入可进行资金管理的代理方,有效地规避了对学术自由的干预。科学基金会以促进科学事业为根本宗旨和目标的运作理念有力地支持了科研事业的发展。

三是基金制能够对科研活动进行调节。科学基金制不再是恩主制时对个人研究能力肯定的一种赞助,也不是对科研机构的设备投资、直接拨款,而是基本确定资助领域,将资助锁定到具体的科学研究议题、研究活动。这种直接的项目资助形式更有利于推动研究本身的深入,调节资助的重点领域,不仅灵活而且使资助更加有效。基金会在

---

① 崔家岭. 论19世纪末普鲁士科学院从科学协会向科研机构的转变[J]. 自然辩证法研究,2010(8):95–99.

第二章 科研经费资助制度的演化与现状

第二次世界大战前资助学术研究的成功实践和活动,开创了通过设立学术研究项目向学者直接拨款的资助方式,使科学研究人员可以免受或少受来自包括国家、政府在内的各方面约束或干扰,专心从事研究工作。

四是采用科研项目的竞争性评审。相比恩主制,私人科学基金制不再是基于个人兴趣的施舍,它独创的对科学研究项目进行评审和考查,尝试风险投资的资助形式更有利于优秀科研成果的出现。随着基金会管理的成熟,科学基金会制已经成为一种资助制度形态,在资助项目管理上具有特定的管理方式。即通过建立科学基金,根据其设定的资助范围和目标,通过评审择优资助科研项目并进行科研资源的管理。科学基金制由于公开竞争的机制,使其具备了公正合理、灵活、高效等优点。

(八) 政府直接资助模式的形成

1. 产生的源头

一是战争时期对于科学技术应用的需求明显增大,产学研合作也日益紧密。战争使得大学、政府和企业三方不得不携手一起共同解决一些技术难题。战争时期,"高等教育与工业界的合作研究双向介入",使欧美诸国在炸药、药品、致命性毒气武器和防毒气设备、玻璃业、染料业、飞机制造、电机业的研究和发展等方面迅速发展。这个阶段也使某些具有重要军事意义的技术得以迅速发展,如雷达和原子能等。以英国为例,战争期间,"英国几乎所有的大学都在不同程度上参与了与工业和军事领域的合作"。①

二是高等院校的"社会服务"职能日益凸显,政府开始通过"赠地"等方式为高等院校提供支持。1862年通过的《莫里尔赠地法案》(Morrill Land Grant Act)赋予美国高等院校一项新的使命——社会服务,从而扩大了高等教育的职能。同时,这一法案还直接促成了有别于西欧古典大学的纯粹以"实用性"为目标的"赠地学院"的建立。《莫里尔赠地法案》的直接结果,是使以社会服务为己任的"赠地学院"得到迅猛发展(从1862年该法案实施前的不到10所理工院校,发展到1885年的85所),扩大了美国高等教育的规模,促进了美国高等教育的职能向现实社会和资源开发的方向延伸。可以说,"赠地学院"的建立是产学研合作的萌芽,它一经出现便显示出强大的生命力,并为世界所瞩目。

2. 德国的科研机构实体化

19世纪末,德国开启了科研机构实体化的进程。普鲁士科学院建立于1700年,其后在哥廷根、慕尼黑、曼海姆和莱比锡也出现了科学院。虽然在名义上普鲁士科学院是一个科学协会,但是它与王室和政府的关系非常密切,其经费由普鲁士政府提供(自1811年起)。19世纪末,普鲁士科学院进行了一些革新,"科学官员"职位的设立就是其革新的主要内容。其主要目的是强化普鲁士科学院推动和领导科研活动的能力,也就是使普鲁士科学院成为一个实体科研机构,即科研机构的实体化。1900年,科学院设立了4个"科学官员"(die wissenschaftlichen Beamten)的职位。这是科学院中一种新的职位,此前科学

---

① 徐继宁. 英国传统大学与工业关系发展研究[D]. 苏州大学博士学位论文, 2011.

院只有院士和一些辅助工作人员。"科学官员"专门从事科学研究工作,但他们并不是院士,而是为科学院的科学项目工作的科学家。科学项目具体运作是在院士的引导下进行的,大学教师和一些获得博士学位的人是这些项目的参与人员。科学院无法为后者提供固定职位,因此他们往往在获得固定学术职位后脱离原来参与的科学项目。这种状况对于科学项目的进行是不利的,"科学官员"的设立正是为了改变这一状况,为科学项目提供固定的研究人员和管理人员。尽管"科学官员"的名额有限,但对于科学院来讲具有重要意义,是科学院实体化的象征。虽然这些改革措施真实反映了传统协会制科学机构向现代科研机构转变的艰难过程,但是这在一定程度上预示了现代科研机构的组成和运行的模式。①

3. 英国的大学拨款委员会

大学拨款委员会是大学与政府间的中介组织,在平衡和协调二者权力方面起到了重要作用,这得益于其成功的运作理念及管理模式。② 它负责将中央拨发的教育经费分配给各大学,对上建议,对下执行,从而协调政府与大学之间的关系。大学拨款委员会自1919年成立以来,就在政府和大学间起着一种保护大学自治权利的缓冲器作用。

传统的英国大学主要是靠社会捐助维持自身的发展。由于政府的财政支持仅占很少一部分,它们仍能保持相对独立的地位,不向政府申请资助,大学事务也不需要政府插手干预。牛津、剑桥的部

---

① 崔家岭. 论19世纪末普鲁士科学院从科学协会向科研机构的转变[J]. 自然辩证法研究, 2010 (8): 95-99.
② 许心. 变革与转型:"后罗宾斯时代"的英国大学拨款委员会[J]. 大学教育科学, 2014 (6): 94-99.

分预算是靠政府对皇家教授的支持，但是更多的资金则来源于下属学院的贡献。①

1914年，第一次世界大战的爆发改变了英国的霸主地位。在战争期间，英国的战费支出急剧增加，战争导致的生产下降使英国国民收入呈逐年下降趋势，每年的财政收入尚不足以支付战争开销，金融形势严重恶化，财政压力巨大。与此同时，英国的债务也不断增加。巨额战费使英国财政捉襟见肘，不得不通过控制其他方面的开支来弥补亏空，社会福利、工商业、国防、教育等行业都受到波及，大学也概莫能外。战争期间，学生人数下降造成学费收入减少，另外由于国家将各种资源都用于支持军队，地方拨款和私人捐助的数额也大大减少，大学发展停滞不前。这种情况呼唤英国建立一个统一的经费管理机构，能够给大学以稳定的财政拨款，推动高等教育向前发展。

在"一战"中，德国科学家不但人数众多，而且同工业保持着更密切的关系，因而具有可以立即见效的组织管理基础和先天的有利条件。而协约国则不得不在战时临时拼凑科学体系和工业机构，以提高其运转功效。英国政府逐步认识到对发展国家的科学工业自己有着更加直接的责任，具体的体现就是新的科学与工业研究部的成立。1915年5月皇家学会派出一个代表团去会见贸易和教育部的部长，以敦促政府给予科学研究更大的支持。1915年7月，专门为此成立了一个枢密院的委员会和一个顾问团，主席是麦考密克（William McCormick）爵士，他曾经是大学基金顾问委员会主席，大学基金委员会正是大学拨款委员会（UGC）的前身。该委员会自1915年开始运作，筹集100

---

① Hutchinson, E.. The Origins of the University Grants Committee [J]. Minerva, 1975, 13 (4): 583 – 620.

万英镑的资金鼓励企业联合起来组成工业研究联合会，以资助应急的和有希望的研究项目。1916年成立了科学工业研究部（DSIR），加强对科学研究的统一管理和总体规划，拨款鼓励大学开展科研以培养化学、军事和工程领域的青年技术人员。这样，过去一直要求工业和科学保持更密切的联系、国家对科学和科学教育进行更严密的组织管理的呼吁，终于通过战争环境而得到了高度的重视与认真实施。

自此，大学与政府的关系发生了很大变化。政府意识到高等教育对现代生活的重要性，大学需要公共资金的资助。同时，大学也逐步认识到自己对于国家的责任，大学如果接受并享受政府大宗的资金投入，也必须接受政府的指导和考查。①

1919年，第一次世界大战中成立的大学基金顾问委员会改组为"大学拨款委员会"，长期主管政府对大学的资助款分配。以往，英国政府对大学的资助一直是少而零碎的。该委员会的成立标志着这种资助的系统化和规模化。两次大战期间，英国政府开始大规模承担起科技和教育事业的资助计划和组织管理的重任，采取一系列政策措施，旨在振兴英国经济。②

大学拨款委员会拨给各个学校的经费分为两部分：一部分为经常性拨款（Recurrent grant），主要用于支付教师薪水；另一部分是非经常性拨款（Non-recurrent grant），包括修建校舍、购置新设备、支付专业费和购买地产4个方面。前者以5年为期，整块下拨，后者不定期地按需拨给。为了确定每5年的拨款数额，大学拨款委员会必须向政府提出各校的情况报告，同时要向各校转达国家的需要（包括专业设置和招生数额等）。每年3月，议会通过政府预算，8月份大学拨款

---

①② 徐继宁. 英国传统大学与工业关系发展研究［D］. 苏州大学博士学位论文，2011.

委员就会把得到的预算金额按情况整块划拨给每所大学。

大学拨款委员会既体现了国家的政策与导向，对大学也有一定的监督作用，大学在这个大框架下享有充分的办学自主权。大学拨款委员会在得到政府拨给的总经费后，完全独立自主地划分给各个学校，在这一过程中其他机构无权干预。大学在得到经常性拨款后也完全有权独立支配这些经费，以及其他从科研委员会、企业创收中获得的经费，无论是财政部、教育署，还是大学拨款委员会，均无权对此加以干涉。

大学拨款委员会的经费来自议会的拨款，这些资金是以补助金（Grant-in-aid）的形式发放的。补助金制度始于19世纪，德尔曾在其著作《议会拨款》（*Parliamentary Grants*）中根据1889年公共账目委员会（Public Accounts Committee）的描述概括了补助金的两个重要特点，在议会拨款制度之外的开支必须通过总审计长向议会做详细说明，并接受审查在财政年度结束时，尚未使用的议会拨款之外的资金必须上交财政部。20世纪40年代末，补助金被广泛用于资助各种行使公共职能的独立或半独立性机构。政府可以将补助金用于资助特定的活动，大学拨款委员会作为非政府机构，得到了国家的支持，享有这些补助金，并且没有额外的限制条件，议会并不对拨款进行详细核查。大学拨款委员会对大学五年期所需的资金做出估算，由财政部提交给议会，最终由议会决定是否提供资金。一旦资金确定，分配权完全由大学拨款委员会掌握，其他部门无权干涉。

拨款和评估是大学拨款委员会最初且是最基本的职能。大学拨款委员会的拨款评估职能使大学的财政状况有所好转，之前极度依靠地方和个人捐助导致大学财政不稳定，自从委员会成立，有了固定的五年期拨款，政府也并无附加条件，大学便可以按照规划自由发展了。

第二章 科研经费资助制度的演化与现状

大学拨款委员会从成立之初就致力于维护大学的自治。一旦将经费划拨给大学后，它不会询问大学如何使用这些拨款，除特殊情况外也不会强迫大学把经费用于指定领域。阿什比把大学拨款委员会的职能概括为两种建议和执行。对大学而言，委员会就是负责执行，根据它认为恰当而不是政府或议会的指示，把拨款分配给各大学，所谓委员会认为恰当，就是所拨经费只限定使用范围，除少数特殊情形外均不指定具体使用项目。由于限制极少，各大学均可依据各自情况完全自由地使用这些经常性整块拨款。

由于大学拨款委员会的拨款中含有较为可观的并未具体说明用途的研究经费，这样大学教师都能从事学术研究，因为有了这些研究经费，可以得到设备优良的实验室、充足的图书资料。此外，像农业、医学、环境科学等领域，在英国几乎都是设在大学内，这些领域的科研机构一方面可从政府资助的五个研究委员会（农业、医学、自然环境、自然科学、社会科学）接受资助，另一方面可以从大学得到研究经费。这一切都促进了学术的自由发展。

4. 美国的政府资助模式

（1）美国国立卫生研究院。

19世纪80年代，美国国会授权海军医院署（Marine Hospital Service，MHS）负责检查当时所有到岸船只上的旅客的临床征兆，主要是防止霍乱、黄热病等恶性疾病的大面积传染，以保护新大陆的移民。受到德国科学家科赫（1905年获诺贝尔生理学或医学奖）关于霍乱病源研究的震撼，海军医院署在1887年后仿效德国的科学建制创立了"卫生实验室"（仅有一间房），主要从事水及空气污染的各种检验。

1901年，国会拨款35000美元在华盛顿特区的第二十五和E大街给卫生实验室建造了新办公大楼，实质上是联邦政府对卫生实验室给予了合法性认可。此后，在"一战"等时期，卫生实验室都发挥了重大的作用。

1918年，一批参加过"一战"的化学家寻求建立一个私立机构，以把基础理论知识应用到实际医药问题上。直到1926年，一直没有找到资助者的化学家们最后加入了路易斯安那州议员Joseph E. Ransdell的提案，共同寻求联邦资助。

1930年，《Ransdell法案》提出，把"卫生实验室"改名为NIH，并第一次授权建立院外研究和培训项目的基金。同时，将"卫生实验室"的顾问小组改成国家顾问健康理事会（National Advisory Health Council，NAHC），并且规定NIH院外研究和培训项目的资助需要得到NAHC的批准认可，这也是后来NIH庞大的顾问系统的雏形。最后通过的法案版本由于经济大萧条的影响被删除了一些条款，尽管如此，这标志着联邦政府、公众、科学团体对政府资助医学研究的态度转变和NIH的正式成立。

1937年，一些国会议员提出了获得广泛支持的法案，NIH的第一个研究所——国立癌症研究院（National Cancer Institute，NCI）在所有国会议员的赞同下成立，并被授权给非联邦的癌症科学家和青年研究者以资金资助。NCI共有8个实验室：生物制剂标准、化学、工业卫生、传染病、病理学、药理学、公共卫生方法、动物学。

1944年，国会通过了《1944年公共健康法案》（*The 1944 Public Health Act*），对NIH赋予更多的职能：发放研究基金的权力，资助研究奖学金和培训津贴，建立一个权威的外部顾问委员会来评议所有的研究项目（形成"核心实体+平台网络"模式）。该法案确立了战后美国在世界医学发展中的雏形，并不断加大投资力度，这成为NIH崛起的"黄金时代"。①

（2）美国政府资助研究型大学。

早在"一战"时期，美国研究型大学就开始参与军事研究活动。这其中，MIT、哈佛两所著名的研究型大学走在了前列。

1917年2月，在美国刚刚断绝了和德国的外交关系并准备参加"一战"之际，MIT第六任校长麦克劳林（Richard Cockburn Maclaurin）立刻致电战争部，表达了"MIT愿意（为国家的战争需要）提供服务"的意愿。② 在"一战"期间，MIT积极参与了"自给自足"计划，以帮助美国生产不可或缺的战略物资——硝酸钾、氮产品、硝酸、氨水等化学品。

哈佛同样也在"一战"期间就通过参与战争和军事研究来帮助美国赢得胜利。"一战"开始不久，为了增强对敌国军队的杀伤力，毒气（被称作"路易氏毒气"的毒瓦斯）第一次作为武器出现在战场上，各国也纷纷紧急投入毒气应用及防范的研究。而这一时期，美国军方关于毒气的使用，以及士兵佩戴的防毒面具等研究工作，就是在哈佛大学最先开始的。

但是，"一战"以前及战争期间美国并未建立起统一的科技政策和军事研究管理体制，大学的参战行为缺乏国家政策指导和制度保障。这一时期，由于大学基础研究的资助主要来源于私人基金会，以及州

---

① 李昱涛. 美国国立卫生研究院初探——历史演变、管理体制和运行机制[D], 清华大学硕士学位论文, 2004.
② Wylie, F. E.. MIT in Perspective: A Pictorial History of the Massachusetts Institute of Technology [M]. Little Brown and Company, 1975.

政府的增地支持，联邦政府并未承担起支持大学科研的责任，大学的学术人员更多的作为个体离开校园从事军事研究（参与政府实验室研究），研究项目规模小且较为分散，传统的学术观念也使得大学的发展远离联邦政府的支持。尽管战争期间大学开始为军事研究服务，但随着战争的结束，大学参与军事研究的活动也宣告结束，政府、社会、大学还没有完全意识到大学参与军事研究对国家军事实力提升乃至对国家科技竞争力增强的重要性。

20世纪30年代的大萧条和40年代的第二次世界大战使美国人意识到科技进步的重要性。20世纪30年代，美国联邦政府每年对科学的支出约为一亿美元，主要投向农业、气象、地质和自然资源保护方向的应用研究。20世纪40年代，海军科学研究局和200所以上的大学订立了需承担约1200个科研项目、涉及约3000位科学家和2000名研究生的科研合同。美国的战时研究和曼哈顿计划的完成造就了美国研究和武器生产的综合体。联邦政府开始把研究型大学视为科研的宝贵公共资源，即使在和平时期也不断加强与大学的合作。①

其中，联邦资助研究中心（FFRDC）的前身，就是源于"二战"时期在研究型大学成立的战时军事研究实验室。由于政府部门所属研究机构的研究能力不能完全满足战争的迫切需求，使得联邦政府开始考虑将民间研究机构纳入整个军事研究体系，从而打破了美国政府不向大学投入资金从事军事研究的传统，研究型大学得以在实验室中为美国取得战争胜利做出重大贡献。而成立联邦资助研究中心的根本原因就在于满足战争对军事研究的迫切需求。②

---

① 李优晶. 美国大学科研资助模式的发展特点及影响[J]. 教育与考试，2011（1）：85-88.
② 高云峰. 美国研究型大学与军事研究[D]. 清华大学硕士学位论文，2004.

1939年,"二战"爆发,时任华盛顿卡内基研究院院长、同时兼任国家航空顾问委员会(NACA)主席的万尼瓦尔·布什提出建立一个中介性质的政府机构,使以大学为主的民间学术组织和军事研究项目相结合,并且通过"合同"的方式对研究工作进行管理,以此作为对战争迫切需要的军事科学研究的补充。

万尼瓦尔·布什的想法得到了美国总统罗斯福的大力支持。1940年6月,罗斯福总统授权成立由布什领导的国防研究委员会(NDRC),用于领导和管理美国战时的军事研究活动。NDRC创造性地采用了政府与大学、私人企业研究机构签订合同的做法来处理大学和军事研究之间的关系。

1941年6月,罗斯福总统又授权布什成立科学研究发展局(OSRD),除军事研究外,同时肩负起战时医学研究的工作。整个"二战"期间,在OSRD的领导下,美国政府通过签订合同的模式引导大学参与军事研究,MIT、芝加哥大学、加州大学等几所著名的研究型大学在"二战"期间成立了第一批联邦军事科研大学实验室。

这一时期,政府提供的研究与发展经费占全国同类经费总额的比重骤增至86%①,参与军事研究的大学数目也大大增加。大学参与军事研究在NDRC和OSRD等政府机构的领导下高效地进行着,NDRC成立一年时间,就批准了207个研究项目,并分别与41所大学和研究机构以及22个工业公司签订了研究合同。这其中,MIT、哈佛大学、加州理工学院、约翰·霍普金斯大学等著名研究型大学都参与其中。

在研究经费的分配方面,"二战"期间OSRD战时研究合同总经费的90%以上分配给了重要的8个研究型大学,而MIT则成为获得联邦

---

① 高云峰. 美国研究型大学与军事研究[D]. 清华大学硕士学位论文,2004.

资助最多的大学，高达1亿美元，比排名第二、第三的加州理工学院和哈佛大学的总额还要多。这对MIT"二战"期间取得的重大科研成果及"二战"后期的超常规发展提供了巨大的经济支持。

1940年，MIT成立了美国历史上第一个位于大学的军事科研实验室——辐射实验室（Radiation Lab），成功研制了军用雷达，对战争的进程起到重要作用。实验室的发展获得了美国政府的大力支持，雷达项目的花费资金高达15亿美元，仅次于曼哈顿工程（20亿美元）。

"二战"期间，研究型大学广泛参与军事科研的重要原因在于：一是经济危机导致学费，来自校友、各私人基金会的捐赠，企业界的委托研究经费，以及学校资产的增值等方面的经费来源大幅下降；二是罗斯福新政，加强了国家对经济的干预，研究型大学也开始寻求一些来自联邦政府的科研合作项目和资助；三是大学管理者和科研人员的观念转变，20世纪30年代，研究型大学中的一部分教授、工程师已经开始和工业界、政府部门有过成功的科研合作，这些科研人员对参与联邦政府科研项目持认同和接受的态度。

资助特征：一是联邦政府主导，"二战"期间美国成立了政府管理机构——国防研究委员会（NDRC）和科学研究发展局（OSRD），统一协调战时的美国军事科研包括大学参与军事研究的各项工作；二是目标导向，政府对于研究型大学的资助是基于军事研究的目标而展开的；三是以政府购买服务为主要方式，"二战"期间，政府通过与研究型大学签订合同的方式，委托其成立军事科研实验室等相应的研究实体开展研究，形成一种"委托—代理"关系；四是科研人员以间接、兼职政府雇员的形式参与研究，大学成立的军事科研实验室本质上属于一种以"委托—代理"机制为纽带而形成的准官方研究机构，其中的科研人员身份也往往具有部分的政府雇员性质。

5. 小结

这一时期科研资助制度的整体特征如下：

一是科研资助的目标导向越来越明显，科研资助已经从原先的以"慈善"性质为主开始转变为以"投资"和"购买服务"性质为主，无论是政府、企业还是基金会，往往都会为科研资助行为设定具体的目标指向。同时，具体到企业资助的维度上，相比于罗巴克和博尔顿资助瓦特研发改良蒸汽机的案例而言，这一时期的资助主体不再局限于企业家的个体行为，而是以企业为主体，形成了一种组织行为。

二是科研内容本身的实用性日益增强，科研活动的内容不再是大学为主导，而是开始与经济、社会紧密结合，"科学原理—技术应用"之间的周期缩短，技术开发在科研活动总体格局中的份额大幅提升，换言之，正是因为科学越来越"有用"，才导致科研资助的目标导向性越来越强。

三是科研人员的职业化程度越来越高，科研人员的队伍不断扩大，从事"纯科学"研究的岗位越来越难以消化庞大的人才供给，因此，势必导致大量科研人员转向经济、社会的其他领域就业，同时，社会对科学技术创新成果的需求也不断增大，从而致使科研人员可以走出"科学界"，通过自己的科研活动和创新成果，与社会其他部门进行"交换"，获得较为稳定的收入报酬，完成职业化过程。

四是专业化的中介性资助机构逐步健全，英国的大学拨款委员会和美国 NIH、国防研究委员会都属于中介性资助机构。以英国大学拨款委员会为代表的中介机构，往往扮演着政府和大学之间的"缓冲带"角色,一方面作为财政部的"出纳员"向大学提供财政经费,另一方面依托于评估等机制向大学进行拨款。值得一提的是,此类中介机构往往不会直接干预科研人员的科研行为,并且能够提供较为稳定的科研资助,大学教师有权自由决定如何使用经费,从而较好地保障了科研人员的主体性。

二、微观层面:典型案例中的科研人员角色、权利、义务

(一) 政府购买科研服务模式

1. 案例:教会资助哥白尼开展科学研究

1506 年,哥白尼从意大利完成求学阶段,回到波兰,他的舅父乌卡什·瓦兹洛德正担任华尔密教区主教(后主持弗伦堡大教堂的教务),哥白尼充任瓦兹洛德的侍从医师和秘书,① 得以进行许多天文观测和研究。1512 年,舅父去世,哥白尼继位成为主教,② 这意味着哥白尼已经获得了正式的教职,自此哥白尼的天文学研究活动与教会之间密不可分。

---

① 朱仙顺. 尼古拉·哥白尼[J]. 物理通报, 1958 (9): 527 - 529.
② 刘金沂. 哥白尼的天文学革命[J]. 情报学刊, 1980 (3): 52 - 57.

第二章 科研经费资助制度的演化与现状

1513年，时任教皇利奥十世（Leo X）启动了罗马儒略历的改革，并约请各国天文学家助修历法。哥白尼"接到改革历法国际委员会主席、米德尔堡的保罗的邀请，要他参加改革方案的制订工作。不久之后，哥白尼把自己提出的历法改革方案寄给了该委员会的主席"。1514年，教皇曾召见哥白尼，主要就教会改革历法的可能性咨询于他。哥白尼的建议则是，"只有准确了解太阳和月球的运行情况以后，才有可能进行历法改革，而当时太阳和月球的运行规律尚在探讨之中"，相关资料尚有不足，需要重新观测和积累。①

于是，教会自此一直资助哥白尼进行观测，如今在弗伦堡、海尔斯堡以及阿伦施泰因等地，都还有他当时的观测遗址。可以说，他的"天体运行论"思想中的很多数据和资料，都是在这期间收集的。在这一时期，他对火星和土星的观测结果，特别是在1515年对太阳所做的四大观测，使他发现了地球离心率的变化，以及相对于恒星太阳远地点的变化，这些促使他于1515～1519年对其学说的部分假设进行了首次修改。十几年来，哥白尼进行了大量的天文观测，收集了大批资料，终于在1533年完成了《天体运行论》这部巨著的初稿，随后，他又长期进行观测、验证、修改，这使得他的宇宙体系更具说服力，成为一种科学理论。

1543年，纽伦堡出版了一部对欧洲影响深远的天文学著作——《天体运行论》。② 哥白尼的《天体运行论》序言即是给教皇保罗三世的献词。③

---

① 李兆荣. 哥白尼传［M］. 武汉：湖北辞书出版社，1998：49 – 51.
② 安广成. 不宜用《天体运行论》作为哥白尼原著的书名［J］. 淮阴师范学院学报（哲学社会科学版），1989（2）：89 – 90.
③ 陈斌惠.《科学元典》的魅力［J］. 大学时代，2006（9）：61.

2. 典型特征

通过教会资助哥白尼开展天文学研究的案例,可以发现该案例具有以下特征:

(1) 被资助者的身份是独立的科研人员,其与资助方之间是"委托—代理"关系。

一是资助主体呈现为官方的特征,在中世纪时期,教会不仅是宗教意识形态方面的至高无上权威,而且基于政教合一的体制,也自然而然地掌控了政治、经济、社会等全方位的世俗权力,因此,教会给予哥白尼的研究资助理所当然地被视为官方资助;二是资助对象是以购买服务的"代理人"身份存在,哥白尼虽然担任正式的教职,但是其能够获得教会的研究资助,主要是得益于其天文学家的身份,教皇"约请各国天文学家助修历法",因而,哥白尼是作为立法改革研究论证工作的"服务提供者"才能够成功获得资助。

(2) 资助经费的性质属于政府购买科研服务。

一是资助动机是基于资助主体的需求而产生的购买服务行为,教会之所以资助哥白尼开展研究活动,其动机主要是为了推行宗教立法改革,具有明确的目标导向,围绕这一中心工作,从而邀请相关的天文学领域专家对此项工作进行研究论证,并对其研究活动支付相应的成本;二是资助经费的范围主要包含科研成本,哥白尼所获得的研究资助主要是用于其立法改革研究过程中所花费的观测等成本,换言之,教会给予其资助,主要是为了购买其科研服务本身,而并不包含其薪酬支付;三是科研资助能够衍生潜在的科研成果,从更长的历史时段来看,哥白尼的标志性研究成果《天体运行论》实质上是此次教会资助的研究工作的"副产品",通过历法改革的研究论证工作,其获得了大量研究资料,并形成相关结论,为"日心说"的提出奠定了基础。

(二)国家大型科技工程资助模式

1. 案例:丹麦国王资助第谷开展天文研究

第谷·布拉赫(Tycho Brahe,1546-1601),丹麦天文学家和占星学家。1572年11月11日,第谷发现仙后座中的一颗新星,后来受丹麦国王腓特烈二世的邀请,成为具有"官方色彩"的天文学家。国王亲自主办了由这位年轻人主讲的天文讲座,更为重要的是,他在丹麦和瑞典之间的汶岛上,为第谷资助修建了天文台。

第谷设计了一个"庞大丘体观测计划",为了完成他的天体观测计划,国王于1576年把哥本哈根港湾北部的汶岛赏赐给第谷,明文规定该岛归他终身使用,并拨款10万居尔盾,委托他在此建造最先进的皇家天文台——乌兰尼堡天文台(乌兰尼亚是希腊神话中掌管天文学的缪斯之一),还提供了优厚的俸禄。丹麦国王资助第谷,并不是单纯让他搞"科学研究"的,第谷还有另一项职责,即为丹麦王室提供星占学服务。

1580年,在国王的资助下,第谷于汶岛建造了当时规模最大、设备最齐全的天文台。天文台耗资黄金一吨多,设置了四个观象台、一个图书馆、一个实验室和一个起居室,配备了齐全的仪器。天文台的仪器都是第谷自己制造的,有木制的、铁制的和铜制的,其中最大的一台精度较高的象限仪，被称为"第谷象限仪"①，达到了"前望远镜时代"天文观测无可争议的精度巅峰——测量精度高于1′（圆周的21600分之一）②。8年后，他又建立了斯坦拉奈堡，增设了造纸厂和印刷厂，专门装帧他的手稿。汶岛一时成为全欧洲重要的科学活动中心之一。

第谷坚持天文观测20余年，创制了大量的先进天文仪器，取得了一系列重要成果，直至1597年离开此地。借助于这些仪器，第谷获得了前所未有的完整而精确的观测资料，发现了许多新的天文现象，其中最著名的有1577年对两颗明亮的彗星的观察，他通过观察得出了彗星比月亮远许多倍的结论，这一重要结论对于帮助人们正确认识天文现象，产生了很大影响。

2. 典型特征

通过丹麦国王资助第谷建造天文台开展天文观测的案例，可以发现该案例具有以下特征：

（1）被资助者的身份是资助方的"雇员"，与资助方之间的关系是雇用与被雇用的关系。

一是资助方的资助行为具有明确的目标导向，作为资助方，丹麦国王资助第谷，并不是单纯让他开展公益性的"科学研究"的，第谷还有另一项职责，即为丹麦王室提供星占学服务；二是资助活动具有政府行为的特征，资助者是国王，基于个人偏好的资助活动上升为政府行为，运用财政资金而进行的。

（2）资助经费的性质属于"薪酬+科研成本资助"。

---

① 童奚. 近代天文学的始祖——第谷[J]. 初中生世界（初三物理版），2007（4）：4.
② 江晓原. 遥想当年，天堡星堡[J]. 新发现，2009（2）：3.

一是资助方式是全额资助,资助金额不仅包括科研人员从事科研活动的成本,"天文台耗资黄金1吨多",而且涵盖科研人员的报酬,丹麦国王为第谷"提供了优厚的俸禄";二是成为一项稳定性资助,自1576年起,丹麦国王资助第谷建设天文台并开展天文观测研究,长达20余年(后因王位更迭而终止),可以说,其为第谷从事科研提供了固定化的报酬和科研成本资助,具有"职业化"的部分特征,但是,由于缺乏制度化的保障,未能实现真正的职业化。

(三) 投资式科研资助

1. 案例:企业家资助瓦特研究改良蒸汽机

改良蒸汽机的发明者瓦特是一名仪表制作工,最初于1763年注意到蒸汽动力问题,他制作了实验模型,其工作状态达到预期目的。然而,从小规模实验迈向大引擎这一步远非瓦特个人所能为,一系列困难摆在他的面前:缺乏精密工具,难以找到技术娴熟的机械工和助手,无力购置有关材料和工具,无力雇用劳动力,甚至若全身心投入试验则难以养家糊口。①

1765年,经过布莱克博士的引荐,瓦特的创新方案引起卡伦铁工厂罗巴克(J. Roebuck)博士的注意。此时,罗巴克刚刚获得了一座煤矿的开采权,正需要一种大功率而又经济的泵抽设备用于自己开发的煤矿提水。他在熟悉瓦特的工作后,欣然同意合伙为这种蒸汽机申请专利,并出资2/3,二者的合同约定,罗巴克将获得利润的2/3作为报

---

① 浦根祥. 工业革命史上企业家与发明家的成功结盟[J]. 科学, 1996 (1): 54-56.

酬。此外，他还愿承担瓦特的债务，并授权瓦特自由支配工厂设备。1766年，在罗巴克的赞助下，瓦特正式开始蒸汽机改进研发。① 1769年，"降低火机的蒸汽和燃料消耗量的新方法"专利得到批准。② 可是，由于工艺低劣发明进程缓慢。至1773年，罗巴克的煤矿仍未有改良过的泵和引擎，他的事业也因此陷入困境。③

1773年，罗巴克破产，不得不忍痛割爱，在资产上放弃股份。该股份的购买者是博尔顿。1775年，新的伙伴关系在瓦特与博尔顿之间确立。经批准，允许将瓦特专利再延长25年。1776年，企业家博尔顿与瓦特签订了科技史上著名的"博尔顿契约"：博尔顿为蒸汽机从研发到竣工提供一切必要的条件；若蒸汽机研发成功，博尔顿、瓦特按2∶1的比例分配利润；若研发失败，一切经济后果由博尔顿承担。

瓦特继续潜心科研。最终，在设法避开他人专利各种限制的情况下，瓦特的旋转式蒸汽机终于在1788年问世。1790年，随着汽缸示工器的发明，历时24年的万能蒸汽机发明终于成功。专利期满后，博尔顿和瓦特经营的工厂业务仍在扩展。瓦特发明之重要，其专利的广包性及他与罗巴克和博尔顿之间的合伙策略，都保障了他享有1769~1800年蒸汽机方面全部改良的盛誉，留给其他发明者的空间非常有限。④

2. 典型特征

通过企业家罗巴克和博尔顿资助瓦特研究改良蒸汽机的案例，可

---

① 刘鸣韬. 蒸汽机发明历程的几点启示[J]. 现代审计与经济, 2013（2）：39.
② 张华. 月华如水　蒸汽永生——伯明翰月亮协会与瓦特[J]. 国外科技动态, 2003（6）：27-29.
③④ 浦根祥. 工业革命史上企业家与发明家的成功结盟[J]. 科学, 1996（1）：54-56.

以发现该案例具有以下特征：

（1）被资助者的身份是资助方的"合伙人"，与资助方之间的关系是合作投资的关系。

一是资助者针对研究成果有着明确的目标，无论是罗巴克还是博尔顿，其资助瓦特都是"对事不对人"，是基于自身对于瓦特研究成果的价值，特别是应用价值的评估和判断，从而决定资助行为，"罗巴克把蒸汽机看作比通常的火力机先进的东西，他坚信，'凡是需要动力的地方，无论用于什么用途，用它都是有利的'"①；二是采用契约的方式来规定双方的权利义务，罗巴克和博尔顿在对瓦特进行资助的时候，都是与其签订合同，其中"博尔顿契约"的亮点是保障个人利益条款的设置；② 三是资助者对于研究活动本身的介入程度不深，保障了科研人员的自主权，罗巴克和博尔顿对于瓦特的资助，更多是给予条件保障，"为蒸汽机从研发到竣工提供一切必要的条件"，而不是直接参与或干预瓦特的科研活动。

（2）资助经费的性质属于技术研发投资。

一是资助者成了成果的共同享有者，以"博尔顿契约"为例，其中规定"若蒸汽机研发成功，博尔顿、瓦特按2∶1的比例分配利润"，二者所构成的是"技术开发联合体"③；二是资助行为具有明显的风险性，瓦特研究改良蒸汽机，是一项开创性行为，具有非常大的不确定性，两位资助者都在契约中明确了研究失败的风险承担问题，其中，罗巴克最终因为研发失败而破产。

---

①③ 宋子良，王平. 瓦特成功的奥秘何在？[J]. 哲学研究，1985（6）：22-58.
② 刘鸣韬. 蒸汽机发明历程的几点启示[J]. 现代审计与经济，2013（2）：39.

（四）科研成本的定额补助

1. 案例：英国政府资助达尔文出版科研成果

在剑桥大学博物学专家亨斯洛教授的举荐下，达尔文以博物学者的身份，自费加入贝格尔号历时近5年的环球考察之旅。由于达尔文是自费参加科考，因此他采集的大量动植物、化石及岩石珍稀标本，都属于他的私人藏品。

1836年10月，达尔文结束了环球航行考察，返回英国，并开始致力于整理其旅行日记，积极筹划根据此次环球航行所得丰富材料，组织专家撰写、出版《贝格尔舰航行中的动物学》等科技丛书。①

其中，《贝格尔舰航行中的动物学》中已经初步呈现出达尔文对以自然选择为机制的生物演化论的一些端倪，成为其写作《物种起源》的基础。该书是达尔文作为青年学者的成名之作，也是达尔文的得意之作，以至于达尔文晚年提起此书时，依然津津乐道、情有独钟，自称是他著述生涯喜得的"头胎"（the First Born），在他的所有著作中将其视为至爱而自珍。②

但是，雕刻《贝格尔舰航行中的动物学》一书中的统计表和插图需要花费大量的成本，远远超出了达尔文个人的支付能力。出版商建议达尔文向财政大臣申请一笔补助金："首先，写一份计划梗概，找林

---

① ［英］F.达尔文编.达尔文生平［M］.叶笃庄，叶晓译，沈阳：辽宁教育出版社.1998：49-50.
② 苗德岁.达尔文与《小猎犬号航海记》——兼评译林出版社的陈红新译本［N］.中华读书报，2017-04-05（04）.

奈学会主席萨姆赛特公爵和前任主席德比勋爵，还得找地质学会主席威廉·休厄尔，他们都会为你写封信。政府很尊重这五位撰稿人，也清楚彩色插图和黑白插图的费用是多少，如果你申请得法，你会得到1000英镑的补助金。"①

为了顺利出版《贝格尔舰航行中的动物学》一书，达尔文于1837年8月谒见时任英国财政大臣托马斯·斯普林·赖斯（Thomas Spring Rice），并与其做了一次长谈。赖斯答应向达尔文资助1000英镑，并且"不加任何限制"，只是嘱咐达尔文"女王陛下财政部诸位专员已从各方面获悉，若能做出安排，以合适版本和低廉费用出版您在博物学之辛勤劳动成果，则对该学科有莫大的裨益。据此，各位专员认为您的申请理应得到批准，总额不超过1000英镑，以资助您著作的发表。达尔文，我们不加任何限制，您可以尽量利用从公共资金拨出来的这笔款项。根据雕版的单据，将随时拨款"。②除此之外，额外的出版成本则由达尔文本人和出版商共同承担。

2. 典型特征

通过达尔文申请政府资助出版《贝格尔舰航行中的动物学》的案例，可以发现该案例具有以下特征：

（1）被资助者的身份是独立的科研人员，其与资助方之间的关系是互不隶属的。

一是科研人员获得资金资助的方式属于"主动申请式"，达尔文听从出版商的建议，向财政大臣提交了一份介绍研究内容的计划梗概；

---

① ［俄］A. 涅克拉索夫. 达尔文传［M］. 韦清豪，王问梅，孔令钊，李尊玉，韩华，彭昌吾译，北京：北京联合出版公司，2014：217.
② ［英］F. 达尔文编. 达尔文生平［M］. 叶笃庄，叶晓译，沈阳：辽宁教育出版社. 1998：195 - 196.

二是科研人员与资助方之间保持相互独立的关系,作为科研人员,达尔文并未在资助方任职,也并未接受资助方的任务委托;三是资助方对于资助额度和方式具有全权决定的能力,财政大臣对其成果的价值以及"彩色插图和黑白插图的费用"进行审核,并最终决定以定额资助的方式为达尔文的成果出版提供支持;四是具有同行评议的特征,达尔文在申请政府补助资金之前,首先向权威学术团体林奈学会提交成果,并邀请相关领域的权威专家为其成果撰写推荐书,"在预先得到林奈学会关于发表他的研究成果是有意义的这一保证后"①,大大提升了其资金申请的成功率。

(2) 资助经费的性质属于公益性的科研成本资助。

一是资助方的动机旨在对科学研究发展给予相应的支持,财政大臣召见达尔文时,对资助的目的做出解释"若能做出安排,以合适版本和低廉费用出版您在博物学之辛勤劳动成果,则对该学科有莫大的裨益";二是该项补助资金需要专款专用,仅仅针对科研成果进行资助,而不能涵盖科研人员的酬劳,财政大臣赖斯在给予达尔文资助的同时,对资金的用途作了相应的界定,明确表示该资金作为资助著作发表之用,而且规定了补助程序是采用报销的方式,即"根据雕版的单据,将随时拨款";三是在规定的金额和用途范围之内,赋予研究人员充分的自主权,赖斯对资金的具体使用方式"不加任何限制",给予达尔文较大的自主支配权,允许其"可以尽量利用从公共资金拨出来的这笔款项"。

---

① [俄] A. 涅克拉索夫. 达尔文传 [M]. 韦清豪,王问梅,孔令钊,李尊玉,韩华,彭昌吾译,北京:北京联合出版公司,2014:217.

(五) 科研机构稳定支持

1. 案例：美国普林斯顿高等研究院

美国普林斯顿高等研究院（Institute for Advanced Study）成立于1930年，始终致力于以问题为导向而非以学科为分界的基础性、前沿性的高等研究。

截至2015年，85年间普林斯顿高等研究院已诞生33位诺贝尔奖获得者，在全部56位菲尔兹奖（The International Medals for Outstanding Discoveries in Mathematics）获奖者中，普林斯顿高等研究院教授和客座研究员占去41席，此外还包括一批沃尔夫奖（Wolf Prize）和麦克阿瑟奖（MacArthur Fellows Program or MacArthur Fellowship, or Genius Grant）获得者。

2. 典型特征

其主要特征体现在以下几个方面：

一是立足于问题导向的基础理论研究。首任院长弗莱克斯纳（Flexner）创办高等研究院，积极倡导跨学科研究、注重不同学科间的交流，目的在于解决"研究所太专门化问题"，更为难得的是，研究院对科学家不以解决实际应用问题为研究导向，而是创造条件，用低压力高待遇鼓励科学家从事基础理论研究。

二是围绕"关键人物"设置方向、配置资源。高等研究院在学科方向的设置方面坚持"因才定向"，在人才引进方面坚持"以才引才"。建院伊始，高等研究院就明确"每一个学科大师就是方向"，

"先要物色卓越的人才，然后发展他们擅长的学科，而不是先决定发展什么学科，才去找人"。诸如，高等研究院从欧洲请来了爱因斯坦，所以就有了理论物理学的研究方向，延聘到理论数学大师冯·诺依曼和赫尔曼·魏尔，就为他们搭建理论数学的研究平台。① 通过大师级人物的引进，为其配备相应的学科研究平台和研究团队，进而将该领域确立为高等研究院的研究方向。在20世纪30年代，研究院的终身教授年薪在15000美元左右。必须指出的一点是，高等研究院是把相当多的金钱直接给了科学家个人。②

三是保障高额经费投入。在普林斯顿高等研究院，大额经费主要用于研究支出和学者们的生活待遇与报酬。普林斯顿的主要经费来源于社会捐助，为了保证科学研究的中立性和自主性，虽然运转经费中有来自政府的一块，但不是主要来源，为了免于政府或国家权力的干涉，政府投入的资金模式只能是捐助和资助，而非拨款，来自市场或企业的资金也同样如此。可以说，高等研究院的科学激励模式是一种学术风险投资，但是，鉴于研究院事实上取得的成功，因此，这种风险投资似乎又是值得的、有价值的。

三、科研资助制度的演化脉络及动力机制分析

（一）演化脉络

纵观文艺复兴时期至19世纪中叶的科研资助制度变迁历程，可以

---

① 孙华. 高等研究院体制：普林斯顿的经验、挑战与改造[J]. 当代教育科学，2017（4）：51-56.
② 李晓鹏. 普林斯顿高等研究院科学激励模式述评[D]. 陕西师范大学硕士学位论文，2016.

发现，其大致的演化脉络分为以下几个阶段：

（1）贵族主导的"恩主制"模式。该种模式是恩主基于对科学家本身的认可，而通过"供养门客"的方式，向其提供物质支持，其中并不会对薪酬和科研成本资助进行细分，而且，恩主不会干预科研活动的方向和内容，但是，由于受恩主的个人因素影响较大，所以资助往往呈现出非连续性和不确定性。

（2）贵族主导的早期学会（无形学院）模式。与恩主制相比，该种模式延续了贵族资助的相关特征，同时，也具有"科学共同体"的特征，主要是由于中世纪大学的经院哲学盛行，导致科学家不得不在大学之外建立科学共同体，而由于共同体的形成，科研活动和科研成果会形成一定的交流，从而衍生出专门针对科研成果的评价与资助机制。

（3）规范的科学共同体（英国皇家学会）模式。以格雷沙姆学院为代表的无形学院得以在英国成长和发展，成立英国皇家学会，形成了更高层次的科学共同体，并获得了英国王室的特许状，具备了"接受捐赠及捐赠"的权利，能够通过社会筹资的方式获取科研资助，与无形学院相比，其资助来源更加多元化，同时，由于其作为科学共同体能够组织开展科研活动（以实验为主），从而衍生出专门的科研活动成本，而且，因为参与者多为业余的科研人员，所以科研资助不再包含科研人员的收入。

（4）专业化的科研机构（法兰西科学院）模式。受到意大利和英国科学学会的影响，法国也成立了相应的科学共同体，并得到了国家的认可，最终建立了科学院，与英国皇家学会相比，法国科学院的资助来源为国家财政资金，能够提供持续、稳定的支持，因而，其资助范围不仅包含科研活动成本,也包含科研人员的薪酬,科研人员成为正式的"国家雇员",具备了"职业化"的特征,但是由于科学院院士的荣誉性较强,难以真正发展成为一个正式的职业。

(5)高等院校(柏林大学)模式。19世纪德国的科学发展水平开始落后于法国,并且科技发展推动大学的科研功能日益凸显,德国开始谋求科技发展,并通过国家资助的方式支持科学研究,洪堡倡导大学改革,并建立柏林大学作为试点,设立"讲席制",由政府任命讲席教授并提供稳定的经费资助,包括稳定的薪酬,同时围绕讲席建立研究所(实验室),赋予其较大的人财物事权,使得科研人员正式实现了"职业化"。

综上所述,在这一历史时期,科研资助制度的演化呈现出一定规律:一是科研资助的来源逐步规范化,从单一恩主支持,到社会筹资,再到国家稳定支持;二是科研人员的职业化程度逐步提升;三是科研资助所涵盖的内容逐步丰富。

(二)演化动力

1. 科研人员的职业化

科学的职业化涉及两个关键性的问题。第一,如何形成科学知识生产与社会其他活动之间的交换关系,即使科学知识生产这样一种需要成本和投入的社会活动得以维系,同时使科学知识生产的社会功能真正得以实现,由此使科学知识生产真正成为一种独立的社会劳动;第二,如何使科学共同体的"业内承认"转换为"社会承认",并建立物质回报和精神回报相互支撑的完备的利益机制,形成一种适应科学知识生产特点的比较完备的"产权制度"。概括地说,科学知识生产的职业化,本质上是要形成科学知识生产与社会物质生产之间的交换关系,使科学知识生产纳入整个社会的价值分配体系之中,因此,也是要形成更加完备的科学知识生产的产权制度。

2. 科研活动的实验化

哥白尼与第谷共同掀起了天文学革命,哥白尼是换一种想法思考问题,"太阳可能是中心吗?"而第谷则是一位伟大的数据收集者,是肉眼观察时代最精确和细心的天文学家,他为人类知识的总和做出了无法估量的贡献。[①]

从贡献上看,哥白尼的研究成果更具有划时代意义,但是其研究活动很难真正纳入"职业化"的轨道。换言之,哥白尼难以依靠其"日心说"的研究工作获得稳定的收入来源,其"日心说"成果只是其作为教会历法研究人员工作的"副产品"。而第谷则可以以天文研究作为其获取报酬的正式工作。这其中的原因就在于,哥白尼的研究更偏重理论,而第谷则是从事实验研究:理论研究依旧传承了中世纪甚至古希腊时期贵族"有闲阶级"的研究风格,呈现出"业余化"的自主探索特征,无法准确、有效地核算研究活动中产生的成本,特别是研究人员的工作量这一潜在人力成本,进而无法真正为其提供合理的报酬,只能通过研究成果予以界定;而实验研究则不同,因为其研究活动的工具往往体现出有形化的特征,实验研究人员的工作量也较

---

① 江玉安. 从哥本哈根到布拉格[J]. 中学生数理化, 2016 (11): 46 – 47.

为显性化、可观测,因此,无论是研究活动成本,还是研究人员成本,都可以进行有效的核算,因此符合职业化的要求。综上,意味着只有科研活动真正进入"实验化"时代,才具备了"职业化"的基础条件。

第三章　财政性科研经费的性质界定与类型建构

回归到当下科研资助的现实情境中，聚焦财政性科研经费的具体特征，特别是针对财政性科研经费监管的需求，应当对其性质进行明确界定，主要关注两个方面的特点，即作为资助方的政府部门对经费使用及管理的主导作用，以及作为资助对象的科研人员从经费中获得人力成本补偿的程度与方式。进而，围绕这两方面的特点，根据相关理论，从中选取相应的理论指标，并从理论维度建构较为系统性的分类框架。

一、分析框架建构

对于科研经费监管而言，存在三个层次的主体，分别是以科研经费资助主体为代表的委托方，以科研经费承担者所在单位为代表的管理方，以及以科研经费资助对象为代表的代理方，三者之间构成了"委托方—管理方—代理方"相互关联的复杂型"委托—代理"模式。

其中，值得一提的是，管理方的角色，仅仅是接受委托方的授权和委托，代为管理科研经费以及代理方的经费使用行为，而非科研经费的受益者和科研任务的完成者。根据"委托—代理"理论，委托方和代理方之间存在着目标的不一致和信息的不对称，因而需要通过激励与约束机制的设计，推动二者间达成目标一致的行动。① 在"委托—代理"关系的架构之下，不同主体之间要达成一致、形成合作、实现共赢，则需要通过契约和产权要素予以保障。因此，基于新制度经济学相关理论、"委托—代理"框架以及科研经费监管的相关特征，从中抽取"剩余控制权"（Residual Right of Control）与"剩余索取权"（Residual Claimancy）两个指标，这两个指标正好能够较好地反映作为资助方的政府部门对经费使用及管理的主导作用，以及作为资助对象的科研人员从经费中获得人力成本补偿的程度与方式，进而，可以尝试以此为依据建构相应的分析框架。

（一）"剩余控制权"（Residual Right of Control）

根据新制度经济学中的不完全契约理论，其前提假设是在现实情境下，所有契约都难以将组织内或组织之间（如雇主与员工间）关系等若干可能因素全部考虑其中，难以形成完备的契约，因而，任何经由谈判所形成的契约往往都是"由资产所有者持有剩余控制权"，即"所有权者占有和控制契约规定之外的资产使用权"。② 周雪光和练宏

---

① Jensen, M. C. & Meckling, W. H.. Theory of the Firm: Managerial Behavior, Agency Costs and Ownership Structure [J]. Journal of Financial Economics, 1976, 3 (4): 305–360.
② Grossman, S. J. & Hart, O. D.. The Costs and Benefits of Ownership: A Theory of Vertical and Lateral Integration [J]. Journal of Political Economy, 1986, 94 (4): 691–719.

基于剩余控制权理论,将组织内部实际运行过程的"控制权"重新进行概念化,从目标设定权、检查验收权、激励分配权三个维度对这一理论进行解析:目标设定权是"科层权威关系的核心",特指"组织内部委托方为下属设定目标任务的控制权";检查验收权则是"附属于目标设定权",是基于目标设定权进而"检查验收契约完成情况"的控制权,通常是后置于目标设定权;激励分配权往往"独立于目标设定权和检查验收权",是"针对管理方下属的代理方的激励设置以及考核、奖惩其表现的权力",该项权力既有可能保留在委托方手中,也可能转交给管理方。①

就财政性科研经费监管而言,其中存在显著的剩余控制权因素。科研经费资助方通常是政府部门,掌握着科研经费的目标设定权和检查验收权:为科研项目设定所需完成的相应目标和衡量指标,如国家科技重大专项所需要完成的产业化目标、重点研发计划所需要攻克的关键核心技术指标等;对标科研经费的目标设置和指标划分,在科研项目执行进程中和期满之后,对完成情况进行验收,如论文发表情况、技术成熟度、预算执行进度等。科研经费资助的科研人员所在的机构,如高等院校、科研院所等,其掌握着科研经费的激励分配权:其可以为科研人员的科研活动制定相应的绩效考核制度和标准,同时依据标准,对其科研行为进行考核和奖惩,如根据科研项目的成果完成绩效进行间接经费发放。

但是,对于不同性质的经费而言,其控制权程度往往并不一致,如国家科技重大专项基本上由国家来主导,而自然科学基金面上项目的控制权则大部分下放给科研人员自主管理。从剩余控制权的高低,

---

① 周雪光,练宏. 中国政府的治理模式:一个"控制权"理论[J]. 社会学研究,2012(5):69-93.

可以对科研经费的性质进行一个侧面的观测,所以选取剩余控制权作为一个核心指标。

(二)"剩余索取权"(Residual Claimancy)

就科研经费而言,其一方面功能在于发挥科研资源保障功能,即通过资金补贴科研活动所需要的财力、物力成本;另一方面功能在于发挥科研主体的激励作用,即根据科研人员在科研活动中所付出的劳动及其所取得的绩效进行适当的人力成本补偿,从而使之能够获得相应的回报。

在新制度经济学领域,Alchain 和 Demsetz 将剩余索取权视为"所有权理论的核心",并以此为基础来对所有权理论进行界定。① 张维迎则认为剩余索取权指的是经营主体"总体收入扣除固定合同支出后剩余的要求权"②。Fama 和 Jensen 分析了不同组织形式的剩余索取权,判断了剩余索取权和委托—代理机制之间的关联性。③ 从剩余索取权和剩余控制权的关系来看,前者通常意味着因后者的行使而带来相应收益的请求权,而后者则是因不完备契约所形成的"剩余分配方式和份额"的"相机决策权"。④

从科研经费监管来看,科研经费本身是科研活动中的一项资本性生产要素,其能够对科研活动中所需的条件支出、活动支出等成本予

---

① Alchian, A. A. & Demsetz, H.. Production, Information Costs and Economic Organization [J]. The American Economic Review, 1972, 62 (5): 777 – 795.
② 张维迎. 所有制、治理结构及委托—代理关系——兼评崔之元和周其仁的一些观点[J]. 经济研究, 1996 (9): 3 – 53.
③ Fama, E. F. & Jensen, M. C.. Agency Problems and Residual Claims [J]. The Journal of Law and Economics, 1983, 26 (2): 327 – 349.
④ 陈洁, 罗丹. 剩余索取权:农民增收问题的起点[J]. 学习与探索, 2000 (4): 40 – 44.

以支付。作为科研活动中的生产者而言,科研人员既是科研活动的主体,也是一项人力资本要素,该人力资本与其所有者之间呈现出十分明显的"不可分离性"[①]。因此,剩余索取权和剩余控制权之间应当达到一种平衡状态,而这只有运用"最优激励"机制[②]方能实现,即通过科研经费中支出相应的部分作为科研人员的人力资本补偿,才能够保障作为科研经费使用者的科研人员既能够不"偷懒"(Shirk),也不会对科研经费进行"滥用"(Abuse)。

与剩余控制权类似,对科研人员而言,不同科研项目的剩余索取权程度也不相同,以国家科技重大专项、国家重点研发计划、自然科学基金委代表的中央财政科研计划项目往往剩余索取权较小,而一些政府部门委托的科研项目则在剩余索取权方面有较大空间。

(三) 财政性科研经费的性质分类

综上所述,根据科研经费监管中所存在的剩余控制权和剩余索取权两项关键性指标,可以形成两个重要分析维度,并以此为基础建构相应的分析框架。从科研经费资助方的"剩余控制权"强弱和科研人员的"剩余索取权"大小等不同维度、不同向度分析,可以将科研经费分为四种类型,分别是控制权强和索取权大型、控制权强和索取权小型、控制权弱和索取权大型、控制权弱和索取权小型,具体如表3-1所示。

---

① 周其仁. 市场里的企业:一个人力资本与非人力资本的特别合约[J]. 经济研究, 1996 (6): 71-80.
② 张维迎. 所有制、治理结构及委托—代理关系——兼评崔之元和周其仁的一些观点[J]. 经济研究, 1996 (9): 3-53.

表 3-1　科研经费资助方的"剩余控制权"

<table>
<tr><td rowspan="2"></td><td></td><td>强</td><td>弱</td></tr>
<tr><td></td><td></td><td></td></tr>
<tr><td rowspan="2">科研人员的"剩余索取权"</td><td>大</td><td>①政府购买科研服务
政府基于特定的研究目标，需要通过委托或招标的方式，购买研究人员的智力资源和脑力劳动，其实质是一种人力资本的投资，在支付的额度内，研究人员具有较强的自主权，可以支配经费的使用</td><td>③奖励性科研经费
作为奖励，是基于对研究人员前期研究工作或是科研活动前期成效的认可，根据前期工作所需的成本和完成的效果，既有补偿功能，也有激励功能，由科研人员自主支配，经费如何使用，资助方无权约束</td></tr>
<tr><td>小</td><td>②科研项目投资
政府围绕具体的工程或项目需要，开展相应的经费投资，并且委托科研人员作为项目的"经理人"开展研究及管理工作，政府与科研人员之间属于"委托—代理"关系</td><td>④公益性科研资助
支持研究人员自由探索，被资助方有自主支配经费的权利，但必须用于科研，且被资助方需要向资助方、社会公众公开经费使用情况，由专业机构评估经费使用效果</td></tr>
</table>

对应中国财政性科研经费的现状，可以将理论框架与现实案例形成对照：一是政府购买科研服务类经费，其特征是控制权强和索取权大；二是科研项目投资类经费，其特征是控制权强和索取权小；三是奖励性科研经费，其特征是控制权弱和索取权大；四是公益性科研资助，其特征是控制权弱和索取权小。

二、类型1：政府购买科研服务

政府购买科研服务是政府基于特定的研究目标，通过委托或招标的方式，购买研究人员的智力资源和脑力劳动，其实质是一种人力资本的投资。政府购买科研服务是公共服务采购的一种具体表现形式，就是"政府将原来直接承担的公共服务的生产过程，让渡给企业或社会组织经营，并根据生产数量和质量支付相关费用"①。

政府购买科研服务是较为常见的一种科研经费形式，该种类型经费的来源往往较为广泛，并不限于中央预算类级科目的"206 科目"②，即科学技术支出。相关科研经费即便是从"206 科目"中列支，其来源也未必是研究类项目预算。以中国科协为例，其对外购买科研服务的经费来源通常是"206 科目"之下的 20601—科学技术管理事务、20607—科学技术普及、20608—科技交流与合作、20699—其他科学技术支出等项目。值得一提的是，国家重点研发计划中聚焦一些重大关键核心技术需求，通过设立相关项目并外包等形式，委托具有相应资质的科研机构进行研究开发，也具有政府购买科研服务的性质，但是从整体上看，国家重点研发计划由国家所主导，并建立了"全过程嵌入式的监督评估体系和动态调整机制"③，更加类似于国家主导的重大科研项目投资。

（一）经费资助方的剩余控制权强

政府购买科研服务的开展主要基于"政府购买服务合约"（Purchase of Service Contracting，POSC）。2003 年出台的《中华人民共和国政府采购法》规定，其所购买的服务主要限于"政务支持性服务"，

---

① 葛道顺. 我国公共服务采购：从行政驱动到依法治理[J]. 国家行政学院学报，2017（3）：65-70.
② 根据政府收支分类科目，206 科目科学技术支出，下设：20601—科学技术管理事务；20602—基础研究；20603—应用研究；20604—技术研究与开发；20605—科技条件与服务；20606—社会科学；20607—科学技术普及；20608—科技交流与合作；20609—科技重大专项；20610—核电站乏燃料处理处置基金支出；20699—其他科学技术支出.
③ 《国家重点研发计划管理暂行办法》（国科发资〔2017〕152 号）.

也就是政府的"自身服务",从这个角度而言,作为经费资助方,政府相关部门也是服务的接受者,也是"规则的唯一制定者和评判者",有着较强的剩余控制权。①

从目标设定权上看,政府相关部门具有极强的控制力。由于政府购买科研服务本身就是基于自身的需求而进行的定制化服务,因此,其项目的目标指向性十分明确。政府购买科研服务类经费中,资助方目标设定权的主要载体就是资助方与科研人员之间所形成的契约。财政部印发的《政府购买服务管理办法(暂行)》(财综〔2014〕96号)中强调,"合同应当明确购买服务的内容、期限、数量、质量、价格等要求"(第十九条)②,基于合同,资助方就科研经费资助项目的目标进行设定,并与科研人员达成一致。

从检查验收权上看,政府购买科研服务类经费的资助方也主要是通过合同管理的方式将其过程管理和质量控制的权限固化下来。《政府购买服务管理办法(暂行)》(财综〔2014〕96号)中对此做出明确规定,购买主体应当"加强购买合同管理,督促承接主体严格履行合同",严格按照"合同执行进度支付款项"(第二十条)。据此可以看出,政府部门作为资助方,应当是根据合同契约中所明确的关于科研工作及成果各项要求,对科研人员所提供的成果进行验收,并对其科研工作进行过程性管理。

从激励分配权上看,作为购买服务的主体,科研经费资助方与科研人员进行协商和议定,同样是以合同契约的形式予以呈现,形成共识。经费资助方与科研人员之间通过契约的形式,"体现双方权利、义

---

①② 葛道顺. 我国公共服务采购:从行政驱动到依法治理[J]. 国家行政学院学报,2017(3):65-70.

务的平等关系——政府付费获取成果,科研人员通过劳动获得报酬"。① 与其他三类财政性科研经费资助方式有所不同,科研机构在此类科研经费的管理上不具有较大的激励分配权,主要是遵循契约,根据合同约定对科研人员的劳动所得予以发放。

从这个角度而言,政府购买科研服务类经费是建立在契约之上,其前提是要充分尊重并满足购买主体,亦即资助主体的需求,所以,科研经费资助方在此类科研经费中的剩余控制权较大,能够较好地开展目标设定、检查验收和激励分配。

(二) 科研人员的剩余索取权大

对于政府购买科研服务类经费,应当首先对其性质予以明确,其属性"是国家财政拨款,是国家向科研机构及科研人员购买服务所付出的费用,科研经费来源于公共财产,是学者经过竞争形式获得的正常工作之外的具有合同性质的财产性权利"。② 政府购买科研服务类经费的科研人员剩余索取权主要就因为这一资助模式的形成是基于契约化合作机制,具体而言,就是科研经费资助方与科研人员之间通过建立协商机制,达成共识运用契约形式使之固化下来,成为一种制度化的约束力,在这其中,就包含了科研经费资助方将一定的剩余索取权让渡给科研人员,从而对其形成激励效应。相对而言,科研机构在其中所扮演的角色就是单纯的科研经费管理方,并不能够享有对科研人员的激励分配权。所以,科研人员能够直接根据资助方的契约委托和授权,以获得相应的人力成本补偿。

---

①② 李美云. 人文社科项目科研经费使用制度研究[J]. 中国法学教育研究, 2016 (4): 179-190.

政府购买科研服务类经费是根据科研活动的各项成本（含人力成本）支出的额度进行核算，并形成一个总体价格。依据《政府购买服务管理办法（暂行）》（财综〔2014〕96号）的要求，"购买主体应当充分发挥行业主管部门、行业组织和专业咨询评估机构、专家等专业优势，结合项目特点和相关经费预算，综合物价、工资、税费等因素，合理测算安排政府购买服务所需支出"。由此可以判断，对于政府购买科研服务类经费而言，从项目设计之初，就需要将人力成本补偿的因素考虑进去，从而生成一个整体性的综合预算。同时，由于此类科研经费本身的目标指向是科研人员所生产和提供的科研服务，而作为服务的提供方，科研人员势必要获得购买主体为其所提供服务支付的"对价"，即劳务报酬。因而，科研人员应当从政府购买科研服务类经费中获得较高比重的人力成本补偿。

此类科研经费性质具有较强的人员激励功能，主要在于科研经费资助方与科研人员之间所建立的契约是前置性的，一般而言，在实际的科研工作正式开展之前，双方就会围绕科研任务的目标和具体要求进行沟通、协商，最终达成一致并形成契约，从而对科研经费的资助额度进行约定。这就意味着，当科研工作正式开展以后，科研人员能够通过研究方法的改善、研究路径的优化、研究效率的提升，实现研究成本的节约，进而从中获得更多的"剩余价值"，因此，可以认为，这一经费资助模式对科研人员研究效率的提升发挥了良性激励作用。

所以，从科研经费的人力成本补偿力度和其所发挥的人员激励效果来看，在政府购买科研服务类经费中，科研人员所获得剩余索取权较大。

三、类型 2：科研项目投资

科研项目投资类经费是大科学时代的产物，是立足于国家重大战略需求，由财政经费出资，旨在瞄准高技术前沿探索、突破核心技术、开发单项战略产品原型或技术系统，甚至形成产业化为目标，所开展的相应工程化实践。在当前财政性科研经费体系中，该种类型主要以国家科技重大专项、国家重点研发计划为代表，具有"投资规模大、实施周期长、技术风险高、涉及单位广"[1] 等特点。

其中，国家科技重大专项发端于 2006 年，当年所颁布的《国家中长期科学和技术发展规划纲要（2006—2020 年）》中明确强调了要开展国家科技重大专项的战略部署，以及相关实施要求。在此之后，国家按照中长期规划的要求，围绕民口电子信息、先进制造、资源环境、生物医药等 4 个主要领域，分别组织实施了 11 项国家科技重大专项，这也意味着我国的重大科技计划逐步"开始向民用领域延伸"[2]。而国家重点研发计划是 2014 年中央财政科技计划改革的产物，也是由中央财政资金设立，整合了原先的"863 计划""973 计划"等一系列相关财政科技计划，其运行机制与重大专项较为类似。

---

[1] 黄丽. 天地一体化信息网络重大项目组织管理模式研究[J]. 中国电子科学研究院学报，2018（2）：218 – 222.
[2] 冯身洪. 国家科技重大专项内涵及定位研究[J]. 中国软科学，2014（9）：165 – 171.

(一) 经费资助方的剩余控制权强

从剩余控制权上看，该类科研经费通常是以国家及其相关部门为主导，作为经费资助方，国家具有很强的剩余控制权，掌握着项目的目标设定权、检查验收权、激励分配权。

首先，国家的目标设定权很强。根据科技部、发展改革委、财政部等相关部委所印发的《国家科技重大专项（民口）管理规定》（国科发专〔2017〕145号）中所给予的定义，国家科技重大专项旨在"实现国家目标"，并需要在"一定时限内"完成"重大战略产品、关键共性技术和重大工程"，聚焦"国家重大战略产品和重大产业化目标"，目标导向非常明确；而其目标设置过程则是由国家根据自身的"重大战略目标和需求"，采取了"自上而下、上下结合的方式广泛研究论证提出"，并最终"由党中央、国务院批准设立"。其中，与国家重点研发计划等其他重大科技计划以及科学工程又不同，国家科技重大专项具有明确的产业化目标，换言之，大飞机、新药等各类专项只有真正形成各自的生产线及产品，而且"对产业升级和民生改善产生明显的带动作用"，才可以视为完成任务目标。围绕上述目标，重大专项的实施主要是"依靠国家动员"，组织并引导高校、企业、科研机构等各种类型的研究力量共同参与，从而在国家层面上实现一种有序的协同创新"专项组织模式"。①

其次，国家的检查验收权很强。按照《国家科技重大专项（民口）管理规定》，对标国家科技重大专项的任务目标，国家建立了监

---

① 冯身洪. 国家科技重大专项内涵及定位研究[J]. 中国软科学, 2014 (9): 165-171.

督评估与动态调整机制,"对重大专项的组织管理、执行情况与实施成效进行跟踪检查"。作为资助方,科技部、发展改革委、财政部三部门组织相关力量抑或是委托第三方独立评估机构,对国家科技重大专项的实施情况进行阶段绩效评估以及年度监督评估;并在项目最终结题时开展项目验收,包含任务验收和财务验收两方面内容。其中,资助方将阶段绩效评估结果"作为实施方案和阶段实施计划的目标、技术路线、概算、进度、组织实施方式等调整的重要依据"。特别是针对重大专项的资金,国家相关部门要求按照"专款专用、单独核算"的原则进行使用和管理,因此在财务验收中明确了相应的评分标准。

此外,国家也牢牢掌控着重大专项的激励分配权。按照《国家科技重大专项(民口)管理规定》,财政部"负责提出重大专项概预算编制的要求,牵头审核重大专项总概算和阶段概算,审核并批复重大专项分年度概算和年度预算;按规定审核批复重大专项概预算调剂"。换言之,财政部能够掌握包括直接经费和间接经费在内的各项科目预决算的最终决定权。同时,在重大专项的管理和监督上,建立起项目的"决策、执行、管理、监督、评价既相互分离又相互制约的协调机制"①,从而确保国家层面能够对重大专项的运行管理总揽全局,具体如图3-1所示。

除了目标设定权、检查验收权、激励分配权三种控制权,作为科研经费的资助主体,国家从多个层面、多个维度全方位地介入重大专项的研究和管理,较多地采用了"一个中心、两条指挥线"②的管理

---

① 李军,沈忆忆,孙军梅. 公共财政视角下科技专项资金监管的对策研究[J]. 中国物流与采购,2015(20):74-75.
② 黄丽. 天地一体化信息网络重大项目组织管理模式研究[J]. 中国电子科学研究院学报,2018(2):218-222.

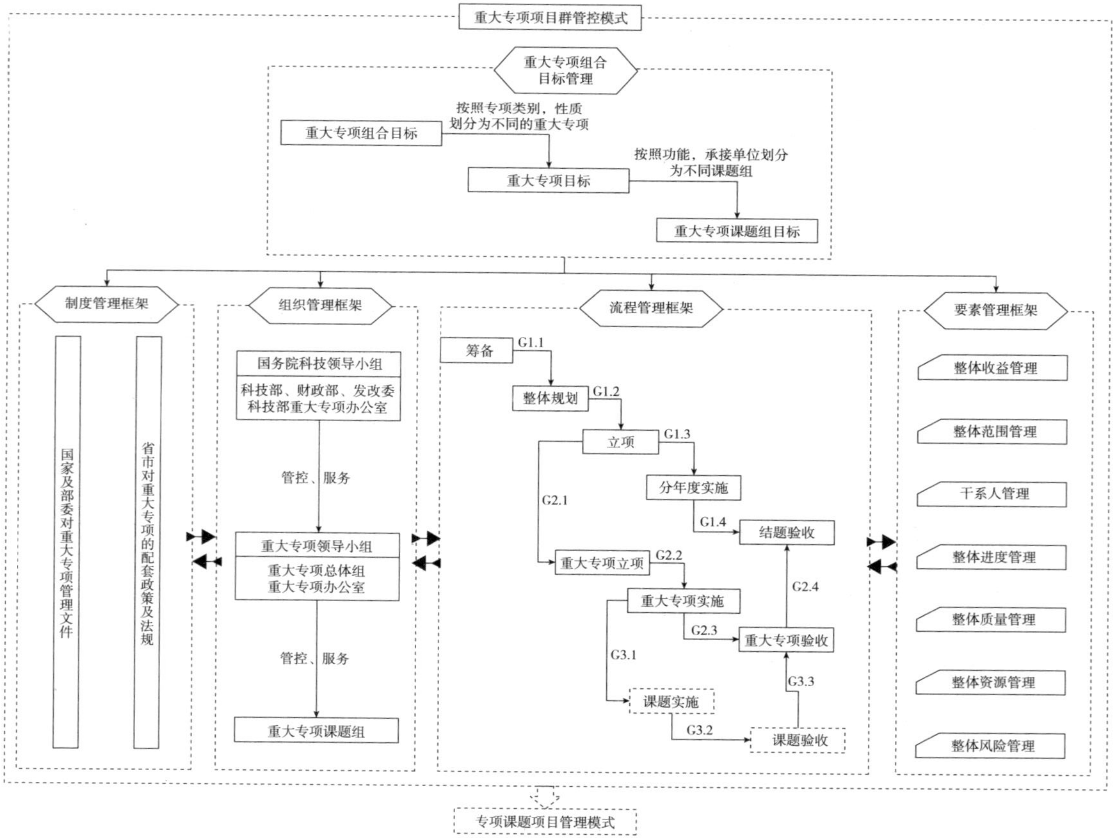

图 3-1 科技重大专项的项目管理模式①

① 张星明, 韩连胜, 梁毅, 李丹, 白莉. 科技重大专项管理模式研究 [J]. 科技管理研究, 2017 (5): 142–148.

方式，从而保障了国家在其中的主导地位。

（二）科研人员的剩余索取权小

从剩余索取权上看，国家科技重大专项中的人力成本补偿力度较小，对于科研人员的激励作用发挥得不甚显著。回顾科研经费资助制度的发展史，可以知道，科研项目投资类经费的支出事实上应当是遵循一定的市场逻辑，即科研人员应当以一种"合伙人"的角色参与到项目中，通过人力资本和脑力劳动"出资"，并最终获得一定程度的收益分成。但是，在以国家科技重大专项为代表的科研项目投资中，是通过"一总两线"等管理模式将科研人员嵌入体制内，是科研人员以"国家雇员"的身份参与，其制度设计并未对科研人员的科研活动价值给予充分的认可，甚至是低估了科研人员的价值。"大部分人力成本（有工资性收入的课题组成员）未能计入课题成本，导致承担单位和研发人员人力成本亏欠，严重影响了单位承接课题和科研人员完成课题的积极性"，而且，"国家科技重大专项管理规定，用于科研人员激励的相关支出一般不超过直接费用扣除设备购置费和基本建设费后的5%。但是，由于该项政策力度小且常常与承担单位奖励分配制度相冲突，很多奖励资金只能挂在账上，无法发挥实质性激励作用"。[①]

此类科研经费的管理模式缘起于"863 计划"。以"863 计划"为例，有人将其产业化模式定义为"沿途捡蛋，沿途下蛋"，就是通过发现和识别具有转化潜力、市场化前景的技术项目，并通过开展进一

---

① 张明喜. 国家科技重大专项财政支持效率评价[J]. 科技进步与对策，2017（1）：118 – 123.

步的应用研究、试验发展,从而将其"孵成小鸡",而这样的"小鸡"一旦长成"母鸡",便立即通过市场化渠道将其产出的"鸡蛋"往外抛,即使之进一步产业化并进入市场。"863计划培育出了高技术产业生长点,不仅极大地带动了中国高技术及其产业的发展,也为传统产业的发展提供了高技术支撑。"但是,对于参与其中的科研人员而言,却并不具有足够的剩余索取权,因为按照"863计划"的机制,"863计划"的科研人员往往是"脑袋在863,屁股在原单位"①。基于"集中力量办大事"的举国体制优势,国家动员大量来自不同单位、不同部门的科研人员参与到"863计划"的项目之中,从而使之以一种非全职"国家雇员"的身份参与到国家的科研项目投资中来。换言之,在以"863计划"等为代表的科研项目投资类经费的管理体制之下,科研人员与国家之间所建立的是一种非全职的雇用与被雇用的关系,其所获得的回报,仅仅是其工作而产生的劳动报酬,而非作为投资项目的"合伙人"身份参与其中,无法分享投资所带来的收益分配,从科研项目投资类经费的投入和产出量而言,科研人员的剩余索取权是极为有限的。

对于科研项目投资类经费而言,由于国家层面的主导作用过于突出,剩余控制权过于强大,致使科研人员只能以"国家雇员"的身份被嵌入项目的运行管理体制,而不能以"合伙人"的身份分享投资的收益回报,因而,从科研项目投资类经费所产生的巨额回报率来看,科研人员只能通过绩效支出获得报酬,其剩余索取权相当有限。

---

① 左常睿. 为了863计划,4位科学家集体"走后门"[N]. 科技日报,2018-10-07(1).

四、类型3：奖励性科研经费

奖励性科研经费是科研资助体系中最为特殊的一种类型，其性质往往是介于科研经费和成果奖励之间，是政府基于对科研人员前期工作及成就的肯定，或是对其科研活动及成果的认可，从而以奖励的方式资助一定额度的科研经费以补偿其前期工作的成本（包含人力成本）。从总体规模而言，该种类型的科研经费在整个财政科研资助体系中所占的比重较小，但是其所具有的典型性和代表性十分显著，有必要作为一个独立的类型进行列举。

在现实情境中，最典型的奖励性科研经费主要是奖励性后补助经费。按照《国家科技计划及专项资金后补助管理规定》（财教〔2013〕433号）中所给予的定义，后补助主要指的是"从事研究开发和科技服务活动的单位先行投入资金，取得成果或者服务绩效，通过验收审查或绩效考核后，给予经费补助的财政资助方式"，包括了事前立项事后补助、奖励性后补助及共享服务后补助等几种具体的类型。其中，奖励性后补助是"单位根据市场需求及自身发展需要先行投入资金组织开展研发活动，取得了有助于解决重大经济社会发展问题的技术成果，经审查验收通过后，给予相应补助"。

奖励性后补助征集的技术成果面向解决国家急需的、影响经济社会发展的重大公共利益或重大产业技术问题。如发生H7N9流感疫情时，为控制病毒传播，开展的病毒检测试剂和药品征集工作等。奖励性后补助额度,由科技部商财政部按照一事一议的原则确定。获得奖励性后补助的成果,如在后期成果转化及产业化推广等方面较为成功,也可继续申请科技成果奖励经费。①

(一) 经费资助方的剩余控制权弱

由于奖励性科研经费具有明显的后置性和结果导向特征,因而,政府作为资助方的控制权相对较弱,仅仅体现在部分程度的目标设定权和检查验收权上。

一是在目标设定权方面,以科技部为代表的政府管理部门通过公开发布公告的方式,面向全社会范围"征集解决重大问题的技术成果",同时对技术成果所需要解决的具体问题以及所应当实现的具体要求做出较为明确的规定。② 但是,这样的规定主要是针对前期的科研成果而制定的,而对于其所资助的科研经费所应当投向的目标和用途,资助方却并没有过多地进行干涉,该项权力主要下放给了科研成果的完成单位及完成人。因而,从一定意义上讲,该种资助方式实现了科研任务和财务的分离,资助方的控制权更多地体现在对科研成果完成情况上,对于科研经费的使用及管理,却给予了科研单位及科研人员较大的自主权,能够较好地自主掌控经费支出方式与支出额度。

二是在检查验收权方面,奖励性科研经费同样也呈现出任务管理和财务管理相分离的状态。一方面,从科研成果的检查验收视角来看,科研经费资助方会对照其所提出的目标和自身所具有的需求,重点审

---

① 李丽辉. 科研先"产出"财政后补助 [N]. 人民日报, 2014 – 08 – 12 (2).
② 《国家科技计划及专项资金后补助管理规定》(财教〔2013〕433 号).

查科研成果"是否符合公告要求",并且验证其"能否解决相关问题",其所形成验收结论是科研经费资助与否的前置条件;但是,在科研经费的财务管理方面,由于其所资助的科研成果已于经费资助阶段之前完成,所以资助方对所资助的经费后续使用及管理情况就不再进行检查验收。另一方面,资助方的检查验收权呈现"一次性"的特征,仅仅对科研成果进行验收,而无法对其前期所开展的科研活动进行阶段性的检查。从这个意义上讲,资助方的检查验收权也是较为有限的。

三是在激励分配权方面,奖励性科研经费的资助方事先确定资助的大致额度,以奖励性后补助为例,按照《国家科技计划及专项资金后补助管理规定》,由"科技部商财政部根据需要解决的问题和技术成果的贡献,按照一事一议的原则确定奖励额度",并对外发布"奖励额度建议数",最终经过核定拨付的经费"由单位统筹安排使用"。换言之,科研经费资助方并非根据完成科研成果所需的实际成本予以资助,而是以自身为主导,确定相应的经费资助标准,在这一前提下,由科研成果完成单位及完成人自主决定是否申报,并自行安排经费的用途。由此可见,科研单位和科研人员掌握着较强的激励分配权。

从以上三个维度来看,奖励性科研经费的资助方所拥有的剩余控制权较弱,科研经费的资助对象在经费使用及管理中发挥着显著的主导作用。

(二) 科研人员的剩余索取权大

就科研人员的剩余索取权而言,奖励性科研经费在财政性科研经费的四种类型中应当是人力成本补偿力度最大的。此种类型的科研经费主要目标就是针对资助方所发布的科研项目和科研成果完成需求，由科研人员进行申请并开展相关的研究，最终根据科研成果完成情况，科研经费资助方进行检查验收并进行相应的激励分配。

奖励性科研经费具有较强的激励功能，主要就在于其能够给予科研人员较大的剩余索取权，而其剩余索取权的大小往往取决于科研工作的效率，即奖励性科研经费的额度是由经费资助方所决定的，对于科研人员而言是一个既定的额度，因此，科研人员如果能够提升科研工作效率，以较小的科研成本和精力完成资助方所要求的成果，则支出在直接成本补偿方面的经费额度就会相对较低，其所能够获得的剩余资金就较多，从而可以有效地补偿其人力成本支出并提供一定奖励。总而言之，根据这样一种资助方式，切实地将科研经费剩余索取权转化为科研人员的收益回报，能够有效地对科研人员的科研工作效率形成正向激励。

纵观科研经费资助制度的发展历史，悬赏制就是最为典型的奖励性科研经费资助模式，科研经费资助方对外发布自身的问题需求，面向社会征集问题解决方案和成果，并根据应征科研人员所提供的方案和成果质量予以奖励，这部分奖励主要包含"科研成本补偿＋科研人员激励"两个部分，一部分是对于科研人员前期科研活动的直接成本予以补偿，另一部分是对科研人员开展科研工作给予一定的报酬和奖赏，从而使其有别于单纯的奖金。当下流行的"众包制"（Crowdsourcing）也属于奖励性科研经费资助模式，众包制是指科研经费资助方"将工作任务通过网络平台分包给非特定的广泛公众，从而收获创意、解决问题并提供相应报酬的一种创新模式"，主要包含悬赏竞赛、协作社区、互补系统、任务平台四种类型,如"美国国家航空航天局(NASA)征集志愿者用肉眼识别其远红外探测器(WISE)在全宇宙所成像的7.5亿个光源中可能存在的系外行星"。①

从这个意义上讲,奖励性科研经费是一种包含"科研成本补偿+科研人员激励"的科研经费类型,其功能更加侧重于科研人员激励方面,能够切实地将科研人员的经费剩余转化为自身的收益回报,并对科研工作的效率形成一定的激励,因此可以认为,科研人员的剩余索取权较大。

五、类型4:公益性科研资助

公益性科研资助,主要是政府从财政资金支出,支持科研人员开展自由探索的经费类型,被资助方有自主支配经费的权力,但是必须用于科研,且被资助方需要向资助方、社会公众公开经费使用情况,并由专业机构评估经费使用效果。

公益性科研资助,是财政性科研经费中最为普遍的一种类型,其所包含的形式非常多样化,既包含稳定支持性科研经费也包含竞争性科研经费,比较典型的经费类型既包括以自然科学基金面上项目为代表的竞争性经费,也包括以中央高校基本科研业务费为代表的稳定性支持经费等形式,单笔资助额度较小,但是其所资助的覆盖面较广,呈现出典型的"小额、大众"特征,在中央财政科研计划中占据绝对

---

① 乔健. 美国众包悬赏竞赛创新模式剖析[J]. 全球科技经济瞭望, 2017 (10): 8-12.

的主体部分。以中央高校基本科研业务费为例,其目标是"用于支持中央高校开展自主选题研究工作,使用方向包括:重点支持40周岁以下青年教师提升基本科研能力;支持在校优秀学生提升科研创新能力;支持优秀创新团队建设;开展多学科交叉的基础性、支撑性和战略性研究;加强科技基础性工作",在使用和管理中主要是因循稳定支持、自主安排、公开公正、严格管理的原则。

(一)经费资助方的剩余控制权弱

从公益性科研资助的经费性质和特征来看,其更加侧重于发挥对科研人员研究活动的保障作用。就政府的角色而言,其所扮演的角色更加类似于"恩主",主要是为了保障科研人员能够有条件投入科研活动,但是对于科研经费的使用未必要做出十分明确的目标导向和制度规定,只需要进行必要的原则性管理,从这一点上看,该种类型的资助方式与政府购买科研服务、科研项目投资等类型的经费有着明显的区别。

一是从目标设定权上看,无论是以自然科学基金面上项目为代表的竞争性经费,还是以中央高校基本科研业务费为代表的稳定性支持经费,都明显体现出一个很重要的特点,就是"自主选题",并围绕所选课题自主进行路线、方案设计和自主开展研究。中央高校基本科研业务费管理规定中明确了"中央高校根据自身基本科研需求统筹规划,自主选题、自主立项,按规定编制预算和使用资金"。就这一点而言,公益性科研资助经费的资助方所掌握的目标设定权相对较弱,甚至将其经费使用和管理的目标设定权全部下放到科研人员手中,使之能够拥有较大程度的自主决定权，从而自行设定研究经费所需要完成的目标及其分解指标，同时，能够在制度规定的范围之内资助编制预算和使用资金。

二是从检查验收权上看，由于检查验收权往往是作为目标设定权的附属权力而存在，检查验收权的行使通常要以目标设定权为基础和前置条件，即以前期所设定的目标及其所分解的指标作为标准和依据，进而开展相对应的检查验收。但是，由于科研经费资助方已经将大部分目标设定权下放给了科研人员，因此其所能够掌握的检查验收权也相对有限，主要是基于科研人员自主设定的目标和计划、路线、方案，科研资助方对科研项目的完成情况和科研经费的使用情况进行验收。所以，从这个意义上讲，在公益性科研资助经费的管理和使用上，科研经费资助方的检查验收权较为有限。

三是从激励分配权上看，公益性科研资助经费的资助方所能够拥有的激励分配权限更加有限。首先，以中央高校基本科研业务费为代表的稳定性支持经费不允许列支人员绩效支出，其管理办法中明确做出规定"不得开支有工资性收入的人员工资、奖金、津补贴和福利支出"，因此，难以通过绩效支出来对科研人员进行激励分配；其次，以国家自然科学基金为代表的竞争性科研经费的绩效支出比例也十分有限，其具体的运行方式是由资助方确定绩效支出的比例和发放方式，将这一部分经费统一委托给科研人员所在的科研机构予以管理，并向科研人员进行发放。除了科研经费中绩效支出激励之外，科研人员还可以根据科研经费所资助的项目完成情况和所形成的科研成果，获得相应的激励，但是这一部分的激励分配权是由科研机构所掌握。由此可以看出，公益性科研资助经费的资助方所拥有的激励分配权较小，难以真正对科研人员绩效激励发挥足够的作用。

从以上三个维度可以发现,在公益性科研资助经费中,经费资助方所拥有的主导权往往十分有限,主要体现在一部分检查验收权上,由此可见,科研经费资助方的剩余控制权较弱。

(二) 科研人员的剩余索取权小

就公益性科研资助经费的本质而言,其呈现出明显的公益属性,即针对科研人员开展科研活动的需求,根据科研活动开展的直接成本进行核算,或是基于定额补助的途径来对科研活动本身的开支予以补偿,是一种近似于"纯直接成本补偿"的资助方式。

从这个意义上讲,公益性科研资助经费本身不应当具有科研人员激励的功能,其性质应当主要定位于科研活动的资源,而非人员激励的诱因。此类科研经费的"所有预算支出都属于能够明确核算的直接成本,而承担项目的教师不能直接从项目中取得任何劳动报酬"[1]。这一方面的特征以中央高校基本科研业务费为代表的稳定支持经费的运行管理机制体现得更加彻底,其旨在"培养优秀科研人才和团队、开展前瞻性自主科研、提升创新能力",从而给予稳定支持,《财政部教育部关于加强中央高校基本科研业务费管理工作的通知》(财教〔2015〕467号)第五条做出了十分明确的规定,"各高校要严格规范基本科研业务费的开支范围,不得开支有工资性收入的人员工资、奖金、津补贴和福利支出,不得购置大型仪器设备,不得分摊学校公共

---

[1] 徐孝民. 高校科研项目人力资本投入补偿的思考——基于科研经费开支范围的视角[J]. 2009 (12): 32-38.

管理和运行经费，不得偿还学校债务，不得支付罚款、捐赠、赞助、投资，也不得用于为其他科研项目配套、用于实验室等科研基地的运行费用"。

此类科研经费的资助方式主要有两种：一是定额资助，即由经费资助方确定经费的额度，科研人员据此申请制定经费的使用方案；二是由科研经费资助方和科研人员相互协商，从而对科研活动的直接成本进行核算，并根据科研成本的额度实行补偿。因而，从这个角度来讲，科研人员开展科研工作付出劳动所获得的报酬就无法计入其中。而且，对于以中央高校基本科研业务费为代表的稳定性支持经费来说，其拨付方式为两阶段拨款路径，即先通过经费管理部门通过部门预算的形式下拨给科研机构，再通过机构内部自主立项的方式，拨付给科研人员。而科研机构同时作为科研人员的雇用方，与科研人员之间建立了劳动合同关系，并已经通过工资福利的形式向科研人员支付了劳动报酬，因此，其所另行拨付的稳定性支持经费就应当被视为纯粹的科研活动的直接成本补偿，而不应当额外从中提取相应的绩效支出作为科研人员的劳动报酬。当然，值得一提的是，"项目承担人在项目资金支持下完成科研任务，有可能得到与科研成果相关联的荣誉或者其他奖励（但不是经济收入）"，这部分科研成果所产生的关联收益是额外的成果收益，并不是由科研经费所支出的，所以不应当被视为科研经费的人员支出。

综上所述，对于公益性科研资助经费而言，科研人员能够从中获得的人力成本补偿极为有限，甚至完全不能从中获得人力成本补偿，因此，此类科研经费的科研人员剩余索取权较小。

第四章 财政性科研经费监管中的问题及原因

一、科研活动规律与财务管理规律之间存在"不合拍"

(一) 科研周期与预算周期之间的"错位"

在这个问题上,以中央高校基本科研业务费为代表的稳定性支持经费表现得较为突出。由于业务费等稳定性支持经费并非竞争性项目经费,而是通过预算拨款形式下拨的机构性资助经费,性质属于国库资金,每年根据财政部、教育部的统一要求,实行财年管理,按照预算进度分批次拨付,因此,其明显受到预算周期的约束。科研人员的科研活动需要从年初开始进行并贯穿全年,农业等领域的科研活动最为典型,特别是在品种培育研究方面,年初的春季通常是研究的关键时期，而科研经费不能够及时到位，则会导致"需要钱的时候没钱花"①，另外，一些科研活动涉及科研基础设施的建设，需要先期支付相应的资金，而预算经费则是"按月份平均下达"②，难免会妨碍科研活动的开展。同时，财政部对于此类科研经费的预算执行又做出了严格规定，要求科研人员"按照序时进度完成经费支出"，而且由于基本科研业务费属于国库资金，不允许有结余，在当年的期限之内将本年度下拨的基本科研业务费支出任务完成，否则结余经费就必须退回，这又致使科研人员"在不需要钱的时候必须花钱"。③

根据第五次国务院大督查中科研人员所反映的问题，科研经费"到位慢"不仅出现在业务费等稳定性支持经费上，国家科技重大专项经费在这方面也存在十分显著的缺陷。众所周知，重大专项一般是由国家主导，通过财政性科研经费投入带动企业等市场主体的广泛参与和共同投入。而重大专项的经费预算往往由"牵头部门负责提出，财政部负责组织预算评审和核定，列入牵头部门预算，合同签订后由牵头部门拨付承担单位"④，拨付流程偏长，下拨到账时间过晚，国家财政性科研经费"迟迟不能到账"，因而影响了相关企业进行配套投入的积极性，出于风险规避的考量而不愿意自行进行先期的经费投入。⑤从这个意义上而言，科研经费到账晚问题所导致的后果，不仅是使科研工作的周期被延迟，更是弱化了重大专项所建立的多元主体合

---

① 田俊荣，喻思南，余建斌，赵永新，冯华，蒋建科，吴月辉，刘诗瑶，谷业凯.让经费为人的创造性活动服务——对六城市120家创新主体的调查之二［N］.人民日报，2018-07-09（18）.
② 根据第五次国务院大督查"实施创新驱动发展专题督查"的访谈记录整理.
③ 廖忆崎，李怀龙，张亚非.中央高校基本科研业务费专项资金经费管理小议[J].经营管理者，2016（1上）：243-244.
④ 全国政协教科文卫体委员会.集中优势力量大力推进国家科技重大专项实施[N].人民政协报，2015-09-18（4）.
⑤ 根据第五次国务院大督查"实施创新驱动发展专题督查"的访谈记录整理.

作的科研组织方式作用被弱化。

（二）预算执行率成为科研活动的"紧箍咒"

众所周知，在科研经费监管过程中，预算执行率是一项必不可少的考核指标。特别是在国家科技重大专项经费管理上，预算执行率成为科研人员绕不过去的"一道坎"，结题验收包含了财务验收的内容，对此有着明确的要求，即"重大专项全部资金预算执行率大于等于95%，得满分20分，执行率每降低一个百分点，得分减少1分，直至20分扣减为0分。也就是如果执行率等于或低于75%，财务验收不通过"。① 由于预算执行率指标能够直接决定财务验收的结果，从而对于科研项目能否顺利结题产生显著的影响，所以预算执行率成为悬在科研人员头顶上方的一把"达摩克利斯之剑"，进而倒逼科研人员的行为产生一定程度的"异化"——在科研项目周期之内大量进行经费支出，而这难免会导致一些不必要的浪费。②

根据2016年开始施行的《中央高校基本科研业务费管理办法》（财教〔2016〕277号）中所做出的规定，基本科研业务费的支出用途有着明确的限制，"不得开支有工资性收入的人员工资、奖金、津补贴和福利支出；不得购置40万元以上的大型仪器设备；不得分摊学校公共管理和运行费用；不得作为其他项目的配套资金；不得用于偿还贷款、支付罚款、捐赠、赞助、投资等支出；也不得用于按照国家规定不得列支的其他支出"。在预算执行率约束和支出范围边界的双重限制

---

① 付瑶丹. 国家科技重大专项项目财务验收问题探讨[J]. 行政事业资产与财务，2018（15）：77-78.
② 根据第五次国务院大督查"实施创新驱动发展专题督查"的访谈记录整理。

之下,科研人员甚至不得不在有限的空间内"为花钱而花钱"①。

设置预算执行率,是财政管理中的一种必要手段,其目的是"加速财政资金的使用,从而使之能够更快地进入到国民经济的大循环中,发挥好杠杆作用"。事实上,财政性科研经费中设置预算执行率的考核指标,也是基于这样的考量。除此之外,科研经费资助方还希望通过预算执行率的设置,对科研人员形成一种倒逼机制,重点防范三种不良现象:一是在项目申请时没有制定科学合理的预算,"一味地把预算往高了做";二是"凭借以往的工作内容和既有的研究成果来申请项目",出现重复资助现象;三是冀望于将科研经费预算"做多",从而能够结转结余。②

(三) 科研用品采购管理"僵化"导致浪费严重

在科研经费支出方面,以政府采购的方式规范相关支出行为已成为科技界的一种常态,即通过"公开招标、投标为主要方式选择供应商(厂商),从国内、外市场上为政府部门或所属团体购买商品或劳务"③。2016年11月,财政部发布《关于完善中央单位政府采购预算管理和中央高校、科研院所科研仪器设备采购管理有关事项的通知》(财库〔2016〕194号),其中明确规定,中央高校、科研院所可以自行组织或委托采购代理机构采购各类科研仪器设备。

但是,在实际的管理过程中,一些高校和科研院所采取了较为僵

---

① 张盖伦. 中央高校基本科研业务费管理有了新"规矩"[N]. 科技日报, 2016 - 11 - 02 (5).
② 根据对科技部资源配置与管理司经费预算处相关负责人的访谈记录整理。
③ 聂常虹. 财政支出管理革命:从制度经济学角度看我国政府采购[J]. 财政研究, 1999 (2): 32 - 35.

化的管理方式,在这其中,最为突出的问题就是,对于科研仪器设备的定义问题,一些机构的科研人员反映,其所在单位对仪器设备所采用的定义方式较为"简单粗暴",采用"财务科目"来取代"科研科目",以"单位价值1000元及以上"这一支出金额作为标准来划分"设备"和"材料",并按照这一标准"将移动硬盘等耗材支出归入设备费而非材料费"。这样的规定就意味着,原本可以通过"材料费"列支而自行采购的急需试验耗材,不得不通过"设备费"项目支付并通过集中采购的途径予以完成,大大增加了科研人员的工作量。更何况,按照最新发布的《国务院关于优化科研管理 提升科研绩效若干措施的通知》(国发〔2018〕25号)中做出明确规定,"直接费用中除设备费外,其他科目费用调剂权全部下放给项目承担单位",换言之,设备费的调剂权限尚且由科研经费资助方所掌握,而且设备费一般不予调增①,可以使用的额度往往十分有限,过分地强调政府集中采购方式则难免导致"严重的经费损耗",会压缩科研人员的有限的经费使用空间及自主权。

正是由于科研机构的僵化管理,催生了科研人员的一些"变通式执行"行为。科研人员普遍反映,以喀斯玛商城(B2B第三方科研电商)为代表的科研设备集中采购平台上的商品价格一般明显高于市场价,甚至"同一商家的产品,上了平台之后,价格也会显著上涨",导致科研经费的严重浪费。对此,一些科研人员则开始尝试"变通"方法:与科研设备供应商进行线下联系和价格协商,从而获得一定的优惠额度,并商定具体的时间,进而由供应商在线上开展限时促销活

---

① 根据科技部资源配置与管理司经费预算处相关负责人员解释,设备费的调整权限暂不下放,其主要目的是鼓励同一单位内部的科研设备能够充分共享,从而更加有效地利用现有的科研资源。

动,如"在某日某一时段开展'一小时内降价'活动",从而保障特定的科研人员能够以较低的价格获得所需的设备产品,同时也能够避免过多用户的"抢购"行为。由此可以发现,科研设备集中采购的僵化管理现象,也给科研人员开展科研活动增添了诸多不必要的麻烦。①

(四) 经费审计方式不符合科研活动规律

对于科研经费管理而言,接受审计是必不可少的一个环节。但是,在当前,作为科研项目的承担者和科研经费的使用者,科研人员却不得不面对过频过繁的审计检查。通常而言,科研人员要接受几个方面的审计:一是项目管理单位组织的年度考核、中期检查、中期考核、评审评估等,这些检查中都包含科研经费的审计内容;二是经费管理部门对经费使用状况的审计;三是科研人员所隶属的科研项目承担单位,为了"避免在项目主管单位和经费主管单位检查的时候出现问题",也会自行组织开展相应的审计工作。② 事实上,上述审计工作都是围绕科研项目本身而开展的,此外,还有诸多的关联性审计会延伸到科研人员,例如审计部门对科研机构所例行开展的单位预算执行情况年度审计、干部离任责任审计等一系列审计工作;另外还有诸多的专项审计工作,都可能涉及科研经费的内容,从而将经费审计包含到各自的审计中。"上面千条线,下面一根针",而且不同审计结论之间往往缺乏互认机制,从而导致科研人员所面对的审计活动过于频繁而且相互重复,大量消耗其精力以应对审计检查工作。③

---

①③ 根据第五次国务院大督查"实施创新驱动发展专题督查"的访谈记录整理。
② 根据对审计署教科文卫审计司相关负责人员的访谈记录整理。

在实际的审计工作中,无论是科研项目主管部门,还是经费主管部门,抑或是审计部门,通常都是委托专业的审计事务所开展具体的审计工作。这又带来了一个新的问题,审计事务所作为财务监管和审计领域的专业机构,却未必能深入了解科研工作的核心规律和主要内容,进而形成了一种"外行管理内行"的局面。就科研活动而言,其专业性很强,具有明显的信息不对称特征,而且科研活动的真实性证明难度较大,审计机构存在"验证难"问题。对此,审计事务所只能用财务管理的方式来解决科研管理中所遇到的问题,即"一切以凭据来说话,完全按照发票来证明业务发生的过程",例如一些审计机构需要科研人员提交登机牌作为凭证,用以证明自身确实曾有过搭乘飞机的差旅经历。① "只要发票载明事项符合课题预算规定的经费开支范围,课题经费全部支付完毕,科研活动结项成果审核合格"②,只能从财务管理的角度来评价经费支出的真实性,而无法立足于科研绩效来判断经费支出的合理性。

(五) 横向科研经费的管理方式"纵向化"

在财政性科研经费中,政府购买科研服务类经费是一种较为特殊的经费形式。其经费来源是政府财政资金,但通常而言并不是在财政科技项目资金中列支,资助方式是以市场化委托等为主,从法律上看,该种方式属于民法中的"承揽合同"③,其经费性质应当界定为横向科

---

① 根据第五次国务院大督查"实施创新驱动发展专题督查"的访谈记录整理。
② 李美云. 人文社科项目科研经费使用制度研究[J]. 中国法学教育研究, 2016 (4): 179-190.
③ 田俊荣, 喻思南, 余建斌, 赵永新, 冯华, 蒋建科, 吴月辉, 刘诗瑶, 谷业凯. 让经费为人的创造性活动服务——对六城市 120 家创新主体的调查之二 [N]. 人民日报, 2018-07-09 (18).

研经费,经费使用和监管应当遵从于资助方和科研人员之间协商决定的契约。而且,在国家层面,已经通过《关于进一步完善中央财政科研项目资金管理等政策的若干意见》(中办发〔2016〕50号)等文件做出了规定,要求各单位"自主规范管理横向经费",将经费管理权限予以下放。

但是,权限的下放并不必然带来科研人员的"松绑",反倒是将相关责任"压实"到了科研机构的身上,进而导致两个方面的后果:一是科研机构产生了"风险规避"的动机,原先国家对于横向科研经费管理出台了相关的规定,科研机构作为经费管理方,只需要按照国家规定"照办",就可以避免相关风险,而权限下放之后,其需要自主规范管理横向经费,一旦产生相应的负面后果,必然会招致法律上的责任风险和科研人员的舆论指责,从而不得不面对多方的压力,出于这样的考量,科研机构"最为稳妥的做法就是照搬纵向经费管理的路子,一切都出自上面的文件,有根有据,法律上没有责任,也不会成为科研人员的众矢之的";二是将复杂问题"简单化处理",因为一旦要将横向经费进行自主管理,则势必要形成更加复杂的问题情境,即"纵向经费一套办法,横向经费又是另一个路数,细分为好多种类",这其中涉及直接经费和间接经费之中所蕴含的一系列具体子项目,都需要区别对待,而这无疑会导致科研机构经费管理的工作量和工作难度大幅增加,所以科研机构倾向于参照纵向经费的管理规定,进行"一刀切","这就好比是当年的'宁左勿右',科研经费管理也是'宁严勿宽'的态度"。①

在这样一种管理导向之下,政府购买科研服务类经费往往需要

---

① 根据第五次国务院大督查"实施创新驱动发展专题督查"的访谈记录整理。

"像纵向课题那样开列详细的经费预算"并"严格按预算开支","购买科研设备必须按照政府采购程序审批、购买,周期较长,结余经费也难以结转",① 偏离了以科研经费委托方为主导的"目标导向",形成了以科研经费管理方为主导的"管理导向",从而难以真正发挥其应有的作用,不利于项目的正常开展。

二、科研经费资助中"重物轻人"现象严重

(一) 财政性科研经费中人员经费支出存在瓶颈

长期以来,财政性科研经费中一直存在一个被众多科研人员广为诟病的问题:作为科研活动的主体,科研人员的价值难以通过科研经费支出体现出来,科研经费大多数投入"物"上面,而花费在"人"上面的开支过于低廉,难以真正发挥绩效激励的作用。具体表现为,"科研经费主管部门对科研项目的人员经费开支范围和开支比例过度限制,项目经费绝大部分只能用来置办实验装置等实体条件,却无法合理补偿科研人力资本的虚体投入"。②

放眼整个国家层面,尚且"没有一部统一的规范科研经费使用的

---

① 田俊荣,喻思南,余建斌,赵永新,冯华,蒋建科,吴月辉,刘诗瑶,谷业凯. 让经费为人的创造性活动服务——对六城市120家创新主体的调查之二 [N]. 人民日报, 2018-07-09 (18).
② 汝鹏. 中国财政科技拨款体制的若干问题与对策研究 [R]. 清华大学产业发展与环境治理研究中心应急项目研究报告, 2014年3月.

法律法规",没有从宏观维度上对不同性质的科研经费予以界定,并根据经费的性质对其所包含的人力成本补偿程度做出规定,因而经费管理基本上是依赖科研经费资助方自行制定相应的经费使用和管理规定,在经费支出管理中最显著的问题就是对于人力资本投资的不重视,"经费支出构成中限定报销的项目和比例,财务管理制度粗糙,没有具体规范科研人员直接支出和间接支出的比例,没有对科研人员从事智力劳动支付合理的报酬,对科研人员的劳务支出同样也没有相应的规定",尤其是"只有对参与课题研究的非成员才有劳务费支出的规定,但其比例一般为15%左右,而国外一般为75%,两者相差60个百分点"。① 对于"有工资性收入"的科研人员而言,只能通过科研经费间接经费中计提有限比例的绩效支出,"绩效支出比例偏低,且不能灵活调剂使用"②,其中以中央高校基本科研业务费、中国科学院先导专项为代表的稳定性支持经费甚至对此做出了明确的规定,即"不得开支有工资性收入的人员工资、奖金、津补贴和福利支出",过于突出财政科研经费的公益属性,而淡化了其作为科研活动资源所应当产生的激励、引导效应。

这一规定无法真正体现对科研人员脑力劳动的尊重,其所直接导致的结果就是科研人员的责权利无法统一,其中最为显著的就是科研人员在科研经费的剩余控制权和剩余索取权方面出现了严重的不平衡、不对等,即其在科研经费支出方面享有一定程度的剩余控制权,能够在部分科目自主决定一定额度的经费开支,但是其自身在科研经费中所能够获得的剩余索取权却是极为有限的,甚至完全没有剩余索取权。

---

① 李美云. 人文社科项目科研经费使用制度研究[J]. 中国法学教育研究, 2016 (4): 179-190.
② 谭永生. 科研人员增收"政策好、落地难"的局面亟需改变 [EB/OL]. 搜狐网, https://www.sohu.com/a/254492928_692693.

就此而言,可以发现,科研人员的剩余控制权明显强于其剩余索取权,这势必会导致科研人员产生一些行为上的"异化",如"假业务真发票"现象,通过其他渠道收集发票以从相关科目报销费用,套取科研经费,用以补偿自身的"劳动报酬"。

(二) 科研人员对人员经费支出的自主决定权不足

在科研经费的应用实践中,科研人员的剩余索取权较为有限,主要体现在其对人力成本补偿的自主决定权较为有限。在这其中,最为典型的就是政府购买科研服务类经费,从本质上来看,此类科研经费"是国家财政拨款,是国家向科研机构及科研人员购买服务所付出的费用,科研经费来源于公共财产,是学者经过竞争形式获得的正常工作之外的具有合同性质的财产性权利"①,其意义就是在于科研人员根据政府所委托的任务向其提供技术服务、智力资源和脑力劳动,为其解决问题,所以作为服务的提供方,科研人员的劳务费应当在科研经费中占据较重的份额。而且,此类科研经费通常是科研人员本职工作之外的"额外劳动",其性质应当是介于职务行为和非职务行为之间,因此,其合理收入应当得到承认,特别是其所在科研机构的承认。根据《关于进一步完善中央财政科研项目资金管理等政策的若干意见》(中办发〔2016〕50号)等文件的精神,此种类型的科研经费应当是"交够国家的,留足集体的,剩下都是自己的",即只需要依法纳税,并按照所在机构规定扣缴相应的管理费,就应当由科研人员基于同经费资助方之间所建立的契约而自行决定经费的支出方式。但是在实践

---

① 李美云. 人文社科项目科研经费使用制度研究[J]. 中国法学教育研究, 2016 (4): 179 – 190.

中，由于横向科研经费管理"纵向化"问题，一些科研机构在管理中单纯地根据科研经费来源进行性质界定，即"由于此类经费的来源也是财政资金，因而，其不应当被认定为横向科研经费"①。这样的认定方式，导致科研人员所能够从政府购买类科研经费中获得的人力成本补偿额度较为有限。

另外，科研人员的自主权不足还突出表现为其难以将科研经费中结余资金充分用于人力成本补偿。科研结余经费指的是"当年或以前年度取得的财政补助资金未使用完毕，而项目已经结题，不需要继续使用，或项目因故无法继续执行而产生的财政补助资金"，主要包括三种类型，分别是基于预算管理失范的管理性经费结余、基于客观科研规律的实践性经费结余、基于支出效率提升的绩效性经费结余。其中，第三种类型的科研经费结余是科研人员通过改善研究方法、提高研究效率所产生的，提升了经费的使用绩效，应当以奖励的方式给予科研人员一定的人力成本补偿。然而，《关于进一步完善中央财政科研项目资金管理等政策的若干意见》（中办发〔2016〕50 号）要求"结余经费由项目承担单位统筹用于科研活动的直接支出"，所以，在经费管理的实践中，"原项目科研人员并不必然对结余经费具有使用权，且可使用的范围也受到限制——仅能用于同科研活动相关的'直接支出'，不能用于奖励科研人员的绩效与其他福利性支出"。②

（三）科研人员难以从成果中获得稳定收益

从广义上而言，在财政性科研经费中，科研人员剩余索取权不仅

---

① 根据对中国科协计划财务部相关负责人员的访谈记录整理。
② 张驰. 财政科研结余经费的类型化治理[J]. 政法论丛, 2018（4）：93-102.

不含从科研经费中提取相应的绩效支出，也可以通过科研项目所形成科研成果获得相应的收益。这个问题就涉及了科技成果转化中的制度性瓶颈，即财政性科研经费所形成的科研成果中，科研人员能否获得相应份额的产权。

依据《中华人民共和国专利法》通常将此类由财政性科研经费出资，并依托所在科研机构而形成的科研成果界定为"职务科技成果"，并规定"申请专利的权利属于该单位；申请被批准后，该单位为专利权人"。所以，从法理意义上而言，该类科技成果的产权应当属于科研人员所属的科研机构，可以归类为行政和事业单位的国有无形资产。一旦涉及国有资产管理，其成果转化便不得不面临诸多困境，其中，最大的问题就是成果作价评估可能导致的国有资产流失问题，"如果审计部门认定成果作价评估低于其真实价值，其国资管理部门甚至单位主管都会面临问责的风险，所以科研机构的作价评估一般是倾向于采用第三方评估方式，有时候名义上是进行第三方评估，实际上是双方先进行议价，再请第三方机构进行'背书'"①，因此，这样的管理模式不仅导致科技成果转化过程被"复杂化"，还导致科研机构的转化积极性受到一定程度的限制。正是因为科研机构和科研人员在成果转化过程中都遭遇到各种制度性瓶颈，科研机构的"国有资产管理部门以国有资产保值增值为目标，财务部门以财务合规为标准，审计部门以过程留痕为准则，科研管理部门以科研成果转化为导向"②，其对于科技成果转化的态度和所发挥的作用千差万别，所以，致使科技成果的转化率并不乐观，难以形成应有的收益。

---

① 根据第五次国务院大督查"实施创新驱动发展专题督查"的访谈记录整理。
② 赵颖全. 做个科学家，须当好"会计"——海南一些科研人员反映深陷"财务藩篱"[EB/OL]. 新华网，http://www.xinhuanet.com/politics/2018-09/01/c_1123364206.htm.

更重要的问题在于，在科技成果转化收益分配方面，绝大部分科研机构的现行管理规定是根据收益水平，按照一定比例对科研人员进行奖励，事实上是从科技成果价值的"增量部分"进行分割，并将其授予科研人员。然而，这种分配方式忽视了一个重要问题：由于难以获得成果的产权份额，因而科研人员往往在成果转化中缺乏足够的积极性和话语权。事实上，科技成果转化，尤其是科技含量较高的成果，其转化过程应当有科研人员的全程参与，"转化相当于二次研究开发"，其转化过程需要付出一定的时间精力和经济成本，"如果仅仅是采用事后奖励的方式，一旦转化失败，则会导致科研人员在转化阶段的投入全部付之东流"，出于风险规避的动机，科研人员往往对此持消极态度。① 对此，以西南交通大学为代表的一些机构已经尝试开展"职务科技成果混合所有制"改革实践，积极通过产权的"存量分割"，将科技成果的部分所有权授予科研人员，使得原先的"分粮食"模式转变为"分田地"模式，大大提升了科研人员的转化积极性和成果转化率，最终也大大增加了科研人员的稳定收益。②

（四）劳务费科目难以真正解决人员聘用问题

按照《关于进一步完善中央财政科研项目资金管理等政策的若干意见》（中办发〔2016〕50号）等一系列文件要求，科研项目承担单位应当"建立健全科研财务助理制度"，为科研团队和科研人员配备专门化的科研财务助理人员。但是，对于很多中央财政科研项目承担

---

① 根据对国家发展和改革委员会高技术产业司相关负责人员的访谈记录整理。
② 根据全面创新改革试验第三方评估的访谈记录整理。

单位而言，却难以通过专职的方式来聘用科研财务助理人员。因为，科研财务助理作为本单位的非正式在编人员，没有工资性收入，可以通过财政性科研经费的劳务费科目开支其报酬，甚至可以列支相关社会保险费支出，但是，其支出范围究竟能否包含住房公积金，却并未做出明确规定（然而，根据《国务院住房公积金管理条例》的规定，用人单位必须为员工缴纳住房公积金）。对此，科研项目管理部门认为，国家层面的意见"只能给出原则性的规定"，因为这个问题涉及财政、人力资源与社会保障、住房和城乡建设等诸多领域和部门，如果从经费管理意见上做出具体明确的规定，将会"导致诸多的法律风险"，同时不可避免地会形成"部门博弈"。①

科研经费资助方在这一问题上的"模糊处理"，导致了科研机构出于风险规避的考虑，也不敢贸然对此给出明确具体的细则，从而导致各单位纷纷持等待观望态度。就目前而言，在各类科研机构中，仅有中国科学院对自身的院级科研项目经费的住房公积金问题做出了明确的规定。在《中国科学院院级科研项目经费管理办法》（科发条财字〔2016〕169号）中明确指出，劳务费所包含的范围是"在项目实施过程中支付给参与项目工作的研究生、客座人员、博士后、访问学者、项目聘用人员及科研辅助人员等的劳务性费用和社会保险费补助（包括住房公积金）"。在建立科研财务助理制度方面，科研经费不但无法列支住房公积金项目，而且无法满足科研财务助理的聘用成本，事实上，按照当下的市场化用工标准，"聘用一名助理人员大约需要支付20万元/年的用人成本"，显而易见，这会超出科研项目中的劳务费标准。

---

① 根据对科技部资源配置与管理司经费预算处相关负责人员的访谈记录整理。

在具体的操作中，相关科研团队只能通过结转结余经费列支或是从其他横向科研经费中"拼凑出一个大盘子"，从而解决科研财务助理的聘用问题；更多的科研团队只能依旧沿用"老路子"，委托团队内的研究生、博士后等临时人员兼职从事财务助理工作，从而避免支付相应的社会保险费，特别是住房公积金。① 由此可见，作为科研经费资助方，国家要求建立健全科研财务助理制度，其本意是为了减轻科研人员的负担，使之能够全身心地投入科研工作中，然而，由于住房公积金列支问题这样一个小小的"关节"尚未打通，出现"最后一公里"落地难问题，从而导致整个政策难以产生其应有的效果，甚至倒逼科研人员去"八仙过海、各显神通"，通过各种方式应对新政策的要求以及可能到来的问责压力，这在事实上加重了科研人员的负担。

（五）工资总额上限成为科研人员增收的"天花板"

财政性科研经费中的人员经费之所以难以形成真正有力度的人力成本补偿和正向人员激励，不但是由于未能"浚其源"，而且先行的事业单位人力资源管理模式导致未能"畅其流"。无论是在高校、科研院所等事业单位，还是在国有企业，科技工作者普遍反映，工资绩效改革在尝试放开相关限制，希望充分调动科技工作者的创新积极性，然而，受制于事业单位和国企的工资总额限制，科研经费中的绩效支出发放等激励手段难以真正有效地得到实施。②

---

① 根据第五次国务院大督查"实施创新驱动发展专题督查"的访谈记录整理。
② 根据2016年全国政协科协界别"如何更好发挥科技工作者的作用"专题调研的访谈记录整理。

工资总额指的是"各单位在一定时期内直接支付给本单位全部职工的劳动报酬总额",这一规定主要是为了有效地解决"财政供养比"的问题,因此,对事业单位、国有企业等公办性质的单位,往往都有人员编制和工资总额指标的限制。但是,对于公立科研机构而言,由于当前基本工资制度中关于"工资总额"的规定,致使"科技人力资本的定价被严重压低,即使有其他来源的收入,高校、科研机构科技人员的总体收入仍处于很低的水平上"①。2006年,人力资源与社会保障部出台了《事业单位工作人员收入分配制度改革实施办法》,对高校教师、科研人员这类专业技术人员的岗位工资和薪级工资做了明确规定,其中岗位工资范围为 550～2800 元,薪级工资范围为80～2600 元。

这一问题的根本原因在于现行的事业单位管理体制中,特别是人员工资形成机制中仍旧保留了原先"计划轨"中的"基数法"印记,即人员工资的发放依据通常是根据往年度的工资发放情况来制定。事实上,一些部门、地区和机构已经意识到了这个问题,并已经通过相关制度的优化予以解决。诸如,在北京、广东等全面创新改革试验区,尝试通过地方性法规或部门规章的出台,在关键细节上做出"技术性修改",将"工资总额"和"工资总额基数"区别对待,将科研经费中的人员绩效支出纳入工资总额但不计入工资总额基数。②

---

① 薛澜,汝鹏,舒全峰,韩菲. 中国科研人力资本补偿:问题、成因与对策[J]. 科学学研究,2014(9):1347-1430.

② 根据"全面创新改革试验第三方评估"的访谈记录整理。

三、制度性成因分析

综上所述,在科研经费管理的实践中存在诸多问题,主要可以归纳为两个大类的问题,即科研管理规律与财务管理规律之间存在明显的"不合拍",科研人员的付出与回报之间存在明显的"不协调"。进一步深究其原因,可以从制度上对上述问题做出解释,是由于科研经费的管理实践与其应用的本质属性之间出现了一定程度的偏离,主要可以归因为三个"不平衡":一是科研经费管理中的剩余控制权与剩余索取权配置之间存在不平衡,二是事业单位的属性定义与功能定位之间存在不平衡,三是科研经费管理改革与其他领域的改革力度之间存在不平衡。

(一) 科研经费管理中的剩余控制权与剩余索取权配置不平衡

根据委托—代理机制,可以将科研经费管理中的各类主体划归为三个维度:一是科研经费的委托方,这其中既包括以科技部门为代表的科研项目管理主体,也包括以财政部门为代表的科研经费管理主体;二是科研经费的代理方,主要是科研经费的承担者——科研人员及科研团队;三是科研经费的管理方,介于委托方和代理方之间,主要是科研经费承担者所隶属的单位——科研机构。从理想化的状态而言,各主体之间的剩余控制权和剩余索取权的配置应当相互对等,才能实现责权利的相统一。但是,在科研经费的管理实践中,二者之间却存在明显的不平衡。

一是科研人员的剩余控制权与剩余索取权之间存在不平衡。在科研经费的分配中,重点过度倾向于"物"而非"人",对于人力成本补偿力度有限,从而难以从科研经费中获得相应的、足额的劳动报酬,致使科研人员的剩余索取权过低。与此同时,作为科研经费使用者和科研项目执行者,科研人员在经费管理契约和经费资助方约束的框架范围之中,在一定额度和相应科目之内,能够对科研经费的使用方式、范围、途径拥有一定程度的自主权。就此而言,科研人员所拥有的剩余控制权和剩余索取权之间存在较大的不平衡不对等,前者显著强于后者,往往会导致科研人员采用一些"非正常"甚至是非法违规手段对科研经费进行"套取",形成了较大的风险隐患。

二是科研机构的剩余控制权与剩余索取权之间存在不平衡。对于科研经费的管理方——科研机构同样存在剩余控制权与剩余索取权之间的不平衡配置问题。单纯从科研经费本身来看,资助方将科研经费通过预算拨款、合同支付等方式转移给科研机构,而科研机构则按照资助方的委托和要求对科研经费进行管理,并通过制度化的手段对科研人员的经费使用行为进行规范,因此,科研机构对科研经费的剩余控制权较大;但是,与此同时,其所能够获得的剩余索取权却是十分有限而且相对固定,只能够提取有限比例、有限额度的间接经费(主要是课题管理费),从这个角度讲,科研机构的剩余控制权明显强于其剩余索取权。而且,对于科研机构而言,其剩余控制权能够衍生更大程度的剩余索取权,因为其对科研经费的严格监管,弱化了科研人员的支出能力，将有利于产生更多的结余经费，按照规定，此类经费通常是由科研机构统筹管理，机构可以获得更大的支配权，因而科研机构有动力对科研经费进行更加严格的监管。

三是科研经费资助方—科研机构—科研人员三者之间并非单纯的"委托—代理"关系，更存在一种依次嵌套的科层管理逻辑和压力传导机制。就财政性科研经费而言，资助体系往往是内生于其管理体系之中：财政性科研经费中的中央财政科研项目（含国家科技重大、国家重点研发计划、国家自然科学基金等）基本上由科技部管理，稳定性支持经费通常由行业性主管部门管理（如中央高校基本科研业务费通过教育部进行下拨），而此类经费的资助方与资助对象之间往往存在一定的关联性，即便是科技部门，其虽然不与相关科研机构之间存在行政隶属关系，但是，作为国家科技领域的宏观管理部门，能够通过相应的制度设计和政策制定对科研机构的管理产生一定的约束力。正是因循经费资助和制度约束这两条主线，科研经费的资助方不断对科研机构强化其剩余控制权。与此同时，科研机构和科研人员之间也存在着直接的隶属关系，"科研人员都是隶属于科研机构的，并不是独立的自然人"①，科研人员的经费申请行为并非是完全独立的行为，而是以自身所属的科研机构为基础和依托。特别是在当下科研经费改革力度不断加大的情境下，科研管理部门和科研经费资助方不断地将相应的经费管理自主权下放到科研机构。然而，权力的下放必然也会伴随着义务和责任的下压，由于科研机构自身并非科研经费的使用者而是管理者，其角色处于资助方和科研人员之间的"夹心地带"；同时其自身的剩余控制权较大而剩余索取权较小，随着权力下放，其所承担

---

① 李美云. 人文社科项目科研经费使用制度研究[J]. 中国法学教育研究，2016（4）：179-190.

的管理责任和风险越来越大,但不会因为权力下放而产生更多的收益回报,因此在这种剩余索取权恒定的前提下,其最理性的选择通常是将自上而来的压力进一步下压,形成压力"层层分解、层层压实"的压力型体制,并最终将压力传导给科研人员。

(二) 事业单位的属性定义与功能定位之间不平衡

长期以来,科研经费领域的改革,尤其是围绕人员绩效支出所做出的一系列改革举措,实质上是在偿还事业单位管理体制改革的"欠账",为事业单位管理体制的滞后性"埋单"。众所周知,科研机构作为事业单位之中的一种具体形式,其管理方式受到整个事业单位管理体制的约束,尤其是人员经费核算和支出方面,"大部分科研院所基本依靠财政安排的人员经费来解决职工的基本工资和绩效工资,导致现行的财政保障人员经费缺口极大"①。科研人员往往只能通过科研经费列支相应的人员绩效支出,从而实现自身的增收,因此,科研经费领域关于人员绩效的支出主要是为了弥补事业单位管理体制所造成的人力成本补偿问题。然而,以财政部为代表的经费管理部门则认为,科研人员不应当把科研经费当作"唐僧肉",其本质是用来"做事而非吃饭",科研人员的收入提高,需要通过多方努力、统筹推进。② 科研经费中旨在补偿人力成本的绩效支出项目,其产生的基础是科研事业单位由来已久的"低工资"问题,应当通过深入推动事业单位管理体制改革来予以实现。当前,事业单位管理体制主要存在两个方面的

---

① 谭永生. 科研人员增收"政策好、落地难"的局面亟需改变 [EB/OL]. 搜狐网, https://www.sohu.com/a/254492928_692693.
② 根据对财政部科教司相关负责人员的访谈记录整理。

问题。

一是事业单位的公益属性界定完全依据财政资金保障程度，而非事业单位的公益服务提供能力，导致其属性定义与功能定位之间出现了一定程度的不协调。当前，根据财政资金保障程度来划分，事业单位共有三种类型，分别是全额拨款、差额补助、自收自支。财政对事业单位的预算保障包括两部分，一部分是人员经费，另一部分是公用经费和项目经费。但是，"人员经费低保障或保障不足，而项目经费相对较多，但二者不能调剂"，而且，财政对于人员经费的拨款通常是根据人员的总量和人员的岗位结构以及其相对应的工资标准来分配的，"绩效工资体现不充分，甚至在科研院所等单位还完全没有体现绩效"，科研机构的研究人员收入水平"基本上是行政机构的60%～70%"，导致现行的财政保障人员经费缺口极大，最终会出现"有钱干活没钱吃饭"的窘境。① 由此可见，国家对于事业单位的"公益属性"界定是基于财政资金保障程度（如全额拨款为公益一类、差额补助为公益二类），而非其所提供公益服务的能力，这样的分类方式导致财政保障程度高的科研机构往往只能依赖财政资金，而难以自行通过多种渠道筹集公益服务所需的资金，特别是人力成本补偿的资金，反而弱化了其公益服务能力，淡化了其公益属性。

二是当前事业单位人员经费的财政拨款所采用的定额标准仍具有原先"计划轨"中的"基数法"的特征，致使事业单位的经费供给水平与服务提供能力不相匹配。"在预算编制方法上，部门预算的重要基础是科学、合理的定额体系，而现行的定额标准仍然具有'基数法'

---

① 刘尚希，韩凤芹. 不能片面理解事业单位的"公益属性"[R]. 中国财政科学研究院研究简报，2018年第9期，2018－03－26，http：//www.chineseafs.org/index.php? m = content&c = index&a = show&catid = 23&id = 738.

的痕迹。现行的定额不是根据单位的工作任务和财力的可能计算出来的，而是在承认部门和单位以前年度支出事实的基础上，根据历年的决算数据倒推出来的。这样的方式将传统功能预算下的部门间苦乐不均的状况给予延续，无法真实反映部门单位的职能大小和权责轻重。"① 正是由于在人员经费拨款时采用"基数法"，导致很多科研机构在科研经费列支和发放绩效费用的时候，面临工资总额上限的问题，即科研经费绩效收入往往会被计入工资总额基数，而"工资总额由政府控制"，科研机构只能是"在工资总额控制下的个别工资的自主分配"，② 从而导致相关绩效费用的发放受到了一定程度的限制。

（三）科研经费管理改革与其他领域改革不平衡

科研人员在科研经费使用与管理中所遭遇到的诸多问题，很大程度上是由于科研经费管理改革"单兵突进"，不仅未能与其他相关主体、相关领域的改革之间形成政策合力，反而会遭遇其他领域管理政策的多方掣肘，从而难以真正发挥其应有的作用。

一是科技管理部门放权态度积极、力度大，但是行业主管部门、机构主管部门相对滞后。这一问题在行业类科研机构中表现得较为明显，在科研经费的"放管服"改革方面，科技管理部门通常是"猛踩油门"，而其行业主管部门则通过行政隶属关系"急踩刹车"。以农业部下属的某科研机构为例，《关于进一步完善中央财政科研项目资金管理等政策的若干意见》（中办发〔2016〕50号）等中央文件要求将差

---

① 汝鹏. 中国财政科技拨款体制的若干问题与对策研究［R］. 清华大学产业发展与环境治理研究中心应急项目研究报告, 2014年3月.
② 张艳. 工资形成机制：理论、现状及完善对策研究［J］. 中国劳动, 2015（9）：35-39.

旅费标准下放给科研机构，即针对科研人员因科研工作需要进行相关差旅活动并由科研经费列支差旅费的情况，科研机构可以根据当地消费水平、自身消费能力等实际现状，自行制定相应的差旅费标准。然而，农业部作为行业主管部门则发文明确规定，其下属科研机构的科研人员差旅费必须按照公务人员标准进行开支，从而导致中央的科研经费改革精神难以真正打通落地的"最后一公里"。① 此外，自然资源部下属某科研机构负责人表示，中央的"50号文"政策固然好，但是其所针对的范围过于有限，只能涵盖五大类中央财政科技计划和中央科研单位的基本科研业务费，而自然资源部自行设立的一些勘探研究等专项，由于其经费来源不属于财政预算资金中的"206科目"，因此难以被"50号文"所惠及，但是"50号文"的举措一旦真正贯彻落实下来，则会导致中央财政科研项目的经费管理政策更加优惠，在其与勘探专项等行业研究项目之间形成一种"利差"，进而引导科研人员更倾向于从事此类科研项目的研究，"大量挤占科研人员的时间和精力"，本部门自行立项的行业研究项目自然会受到"冷落"，而此类项目恰恰是这些行业类科研机构的主业，甚至是其"立命之本"，也是支撑本行业的关键工作，所以此类行业主管部门会通过行政手段对此类改革举措的落地予以限制。②

二是纪检、审计、国资等领域的工作与科研经费改革的方向存在一定程度的不一致性。财政性科研经费改革的总体方向是落实"放管服"改革的精神，以向科研机构放权，为科研人员赋能，从而更好地发挥科研经费的激励功能，全面提升科研绩效。然而，由于科研经费的来源是财政资金，其必须按照财政资金的管理要求，严格规范其使

---

①②根据第五次国务院大督查"实施创新驱动发展专题督查"的访谈记录整理。

用和支出行为。"国家要履行监督经费正常使用的权力,经费拨款单位要关注经费使用过程,对科研经费的管理应从立项、预算的编制、科研经费到账、经费的支出、使用全过程及结项进行全方位的监管。"①因此,就审计部门而言,其需要针对科研经费使用的不同阶段分别开展相关审计工作,同时科研人员所在的科研机构也需要接受干部离任审计、年度审计等多种类型的审计,而每一种类型的审计工作都有可能关联、延伸到相关科研经费的内容,而且不同的审计工作之间尚且缺乏有效的结果互认机制,这为科研人员造成较大的工作量。② 国有资产管理部门同样在其中发挥了"反作用力",在财政性科研经费所形成的职务科技成果转化方面,由于《中华人民共和国专利法》要求此类科技成果"申请专利的权利属于该单位;申请被批准后,该单位为专利权人",所以,国有资产管理部门往往将此类科技成果界定为行政和事业单位的国有无形资产,导致科研人员只能从科技成果转化收益中获得相应的奖励,难以从科技成果本身获得相应的产权,由于缺乏足够的动力开展成果转化,最终难以真正获得足额的收益回报。③

---

① 李美云. 人文社科项目科研经费使用制度研究[J]. 中国法学教育研究,2016(4):179-190.
② 根据第五次国务院大督查"实施创新驱动发展专题督查"的访谈记录整理。
③ 根据"全面创新改革试验第三方评估"的访谈记录整理。

第五章 结语

我国自 1985 年起开始对科研拨款方式进行改革，引入竞争机制，相继实施了一系列科技计划和科学基金，逐步将其作为财政性科研经费的主要渠道。改革有效地调动了科研机构和科研人员的积极性，取得了显著成效。时至今日，过去三十多年间形成的拨款体制及机制逐渐呈现出一些新问题。随着国家科技经费的总量剧增、科学研究在经济社会发展中的重要性日益凸显，重新审视国家科技经费的投入方式和渠道并及时调整相关政策已是迫在眉睫。

一是要改革成本补偿机制，建立科学的成本补偿制度。良好的科研成本补偿机制对确保高校科研经费健康管理和科研活动的有序开展起着不可替代的作用。当前的科研成本补偿机制对科研的间接成本投入和人力资本投入补偿不足，亟须建立一套科学的成本补偿制度。当前科研项目中人员费用不应该以补贴的形式发放，而应以薪水的方式从科研经费中拨付。同时，高校教师应获取教学薪酬和研究薪酬两份收入，此外如果教师由于科研任务而请人代课，则代课教师的报酬同样应由科研经费支付。因此，应当从以下几方面入手，建立科学的成本补偿制度：首先要从科研项目经费预算编制上着手，一方面要有效降低科研直接成本，另一方面提高间接成本比例，实现科研预算的结构性调整；其次，政府应制定适合所有项目归口管理部门以及适合各类高校的科研成本管理制度，对所有科研项目成本的管理问题至少能够提出具体的指导性意见，改变当前政出多门、政策不一的现状。科研成本管理政策应具体规定科研项目直接成本和间接成本的组成及费用明细，明确说明哪些费用可以开支，哪些费用不允许列支；尤其是科研项目的间接成本如何分摊，分摊项目、比例分别是多少。如此方能有效地统一科研经费管理政策，使相关项目的归口管理部门能够有法可依，高校科研经费管理能够有规可循，审计部门在审计时能够有理可据。最后，建议科研成本补偿制度改革循序渐进推行，尤其是对于人力资本补偿，可以采取上、中、下三种政策方案以供选择。下策就是在给无财政性工资收入人员如研究生、合同制聘用人员以劳务费，付给专家课题咨询费的基础上，提高课题经费中绩效支出比例和额度，作为科研人员收入补充；中策就是允许有财政性工资收入的科研人员从科研项目经费中获得报酬，补偿科研人员在科研活动中所付出的人力资本，增加科研人员收入，有效抑制科研人员骗取科研经费的动机；上策则是对科研人员实行年薪制，通过财政给科研人员拨付固定的并与市场劳动价格相当的年薪，以此提供稳定的收入保障，让他们专心科研，提高科研产出和科研质量，在这个基础上再对科研经费支出进行严格监管，对科研经费的挪用、贪污等行为进行严厉查处。

二是要优化经费责任主体，探索项目法人责任制度。首先建议在科研经费管理过程中实行科研项目法人责任制度，强调法人、科研院所和高校的责任。这种做法一方面可以减少国家层面对科研经费管理的过度过细的干预；另一方面又能在经费预算编制和审计时找到责任主体，管理权限清晰，法人权责明确，并且管理效率也会大大提高。

第五章 结语

可以参考日本的经验,实行"大学法人制",由高校自主决定教师的薪资水平,同时也有利于促进高校之间的竞争,提高高校办学和科研水平。探索科研项目法人责任制主要是加大项目法人承担单位在资金使用管理上的相应责任和权限,有助于加强对经费使用的管理监督与支撑服务。按照有关国家科技计划经费管理办法要求,建立健全承担单位内部经费管理制度,完善内部控制和监督制约机制,认真行使经费管理、审核和监督权,对本单位使用、外拨项目(课题)经费情况实行有效监督。其次是加强间接费用使用管理,按照项目(课题)预算中核定的金额,与合作单位共同安排好间接费用支出。

制度是一切发展的根本保障,把科技体制改革、加强科技制度建设作为重中之重,无论是科技拨款机制、科技预算机制、科技决策机制还是科技成本补偿机制都需要进一步的优化和改善;财政性科研经费是任何财政科技项目得以运行的必备条件,对科技经费的管理要统筹协调,部门的经费管理要统一,项目的经费预算要协调,项目的申报也要由经费预算来把关;良好的科技公共服务平台是科技发展的基础条件,当前环境下既要形成全社会大力扶持基础研究的科研文化氛围,又要加强科技预算审核和监督,同时还要对科研成本的核算体系进一步研究,建设好科技公共服务的基础设施。

参考文献

[1] Alchian, A. A. & Demsetz, H.. Production, Information Costs, and Economic Organization [J]. The American Economic Review, 1972, 62 (5): 777-795.

[2] Campbell, N.. Blackstone's Commentaries on the Laws of England [J]. Canadian Law Libraries, 2002, 27 (5): 235.

[3] Capron, H. & de la Potterie, B. V. P.. Public Support to R&D Programmes: An Integrated Assessment Scheme. OCDE: Policy Evaluation in Innovation and Technology. Towards Best Practices. OECD. Paris, 1997: 35-47.

[4] Fallon, D.. The German University. A Heroic Ideal in Conflict with the Modern World [M]. Colorado Associated University Press, 1980.

[5] Fama, E. F. & Jensen, M. C.. Agency Problems and Residual Claims [J]. The Journal of Law and Economics, 1983, 26 (2): 327-349.

[6] Feldman, T. S.. Science Reorganized: Scientific Societies in the Eighteenth Century [J]. Science, 1985, 230: 61-62.

[7] Forbes, N. & Wield, D.. From Technology and Innovation:

Managing Technology and Innovation [M]. Routledge, 2002.

[8] Grossman, S. J. & Hart, O. D.. The Costs and Benefits of Ownership: A Theory of Vertical and Lateral Integration [J]. Journal of Political Economy, 1986, 94 (4): 691 – 719.

[9] Hutchinson, E.. The Origins of the University Grants Committee [J]. Minerva, 1975, 13 (4): 583 – 620.

[10] Jensen, M. C. & Meckling, W. H.. Theory of the Firm: Managerial Behavior, Agency Costs and Ownership Structure [J]. Journal of Financial Economics, 1976, 3 (4): 305 – 360.

[11] Johnson, F. R.. Gresham College: Precursor of the Royal Society [J]. Journal of the History of Ideas, 1940, 1 (4): 413 – 438.

[12] Kim, L.. Imitation to Innovation: The Dynamics of Korea's Technological Learning [M]. Harvard Business Press, 1997.

[13] Lyons, H. G.. The Society's Finances [J]. Notes and Records, 1938, 1 (2): 73 – 87.

[14] Lyons, H. G.. The Royal Society, 1660 – 1940: A History of its Administration under its Charters [M]. Cambridge, 1944: 23 – 24, 53, 72, 443, 41.

[15] Michael Polanyi. The Logic of Liberty: The Reflections and Rejoinders [M]. Routledge and Regan Paul Ltd., 1951: 53.

[16] Nelson, R. R. (Ed.). National Innovation Systems: A Comparative Analysis [M]. Oxford University Press, 1993.

[17] Radin, B. A.. The Government Performance and Results Act (GPRA): Hydra – headed Monster or Flexible Management Tool? [J].

Public Administration Review, 1998: 307 – 316.

[18] Rajkumar, A. S. & Swaroop, V.. Public Spending and Outcomes: Does Governance Matter? [J]. Journal of Development Economics, 2008, 86 (1): 96 – 111.

[19] Shapiro, B. J.. The Universities and Science in Seventeenth Century England [J]. Journal of British Studies, 1971, 10 (2): 47 – 82.

[20] Steil, B.. Technological Innovation and Economic Performance [M]. Princeton University Press, 2002.

[21] Syfret, R. H.. The Origins of the Royal Society [J]. Notes and Records, 1948, 5 (2): 75 – 137.

[22] Valdez, B.. Evaluation of Public Sector R&D in the United States, Lessons Learned from GPRA and the Program Assessment Rating Tool (PART). US Department of Energy, 2005.

[23] Wylie, F. E.. MIT in Perspective: A Pictorial History of the Massachusetts Institute of Technology [M]. Little Brown and Company, 1975.

[24] [俄] A. 涅克拉索夫. 达尔文传 [M]. 韦清豪, 王问梅, 孔令钊, 李尊玉, 韩华, 彭昌吾译. 北京: 北京联合出版公司, 2014.

[25] [瑞士] 吕埃格. 欧洲大学史（第一卷·中世纪大学）[M]. 张斌贤等译. 2008.

[26] [英] F. 达尔文编. 达尔文生平 [M]. 叶笃庄, 叶晓译. 沈阳: 辽宁教育出版社. 1998.

[27] [英] 梅尔茨. 十九世纪欧洲思想史：第一卷 [M]. 周昌忠译. 北京: 商务印书馆, 1999.

[28] [英] 亚·沃尔夫. 十六、十七世纪科学、技术和哲学史[M]. 周昌忠、苗以顺等译. 北京: 商务印书馆, 1984.

[29] 安广成. 不宜用《天体运行论》作为哥白尼原著的书名[J]. 淮阴师范学院学报（哲学社会科学版）, 1989 (2): 89-90.

[30] 常宏建, 方玉东. 利益冲突在中国政府科技资助体系中的表现及管理[J]. 中国科技论坛, 2015 (2): 5-10.

[31] 陈斌惠. 《科学元典》的魅力[J]. 大学时代, 2006 (9): 61.

[32] 陈光. 略论近代科学的制度化过程[J]. 自然辩证法研究, 1987 (4): 40-50.

[33] 陈洁, 罗丹. 剩余索取权: 农民增收问题的起点[J]. 学习与探索, 2000 (4): 40-44.

[34] 陈志俊, 张昕竹. 科研资助的激励机制研究——分析框架与文献综述[J]. 经济学（季刊）, 2004 (1): 1-26.

[35] 程西筠, 王璋辉. 英国简史[M]. 北京: 商务印书馆, 1981.

[36] 崔家岭. 魏玛时期的技术物理学——拉姆绍尔、通用电气公司与现代性的挑战[J]. 科学文化评论, 2010 (4): 38-55.

[37] 崔家岭. 论19世纪末普鲁士科学院从科学协会向科研机构的转变[J]. 自然辩证法研究, 2010 (8): 95-99.

[38] 丁建洋. 学术取向: 日本"科研费"制度演进与运行的基本逻辑——日本大学高层次科学创新能力形成的一个视角[J]. 清华大学教育研究, 2014 (1): 63-75.

[39] 董光璧. 知识创新环境相关的历史检视: 文艺复兴和宗教改

革[J].科学,2015(1):8-12.

[40] 冯身洪.国家科技重大专项内涵及定位研究[J].中国软科学,2014(9):165-171.

[41] 奉公.论公共产品类科研资金投入的拟成果购买制[J].科学学研究,2003(6):254-258.

[42] 付瑶丹.国家科技重大专项项目财务验收问题探讨[J].行政事业资产与财务,2018(15):77-78.

[43] 高云峰.美国研究型大学与军事研究[D].清华大学硕士学位论文,2004.

[44] 葛道顺.我国公共服务采购:从行政驱动到依法治理[J].国家行政学院学报,2017(3):65-70.

[45] 郭金明,杨起全.工业实验室的变迁[J].科学学研究,2011(12):1792-1796.

[46] 郝刚,张维.中国财政科技投入资金的引导、衔接功能研究[J].中国软科学,2006(9):76-81.

[47] 胡明晖.科学职业化视域下的财政科研经费管理[J].科技管理研究,2016(15):38-42.

[48] 黄丽.天地一体化信息网络重大项目组织管理模式研究[J].中国电子科学研究院学报,2018(2):218-222.

[49] 江晓原.遥想当年,天堡星堡[J].新发现,2009(2):3.

[50] 江玉安.从哥本哈根到布拉格[J].中学生数理化,2016(11):46-47.

[51] 孔捷,迟芳,Matthias Hahn.从讲座制到学系制——兼论德国大学与美国大学的相互影响[J].江苏高教,2011(2):150-155.

[52] 李冬梅,夏午宁. 高校科研经费内部监管体系的构建及其优化[J]. 科技经济导刊,2016(25):3-4.

[53] 李工真. 现代化大学的由来[J]. 国家教育行政学院学报,2013(9):3-7.

[54] 李红军,丁荣娥,任蔚,侯玉峰. 谈"十二五"国家科技计划改革——经费变化及挑战[J]. 科学管理研究,2013(1):38-70.

[55] 李军,沈亿亿,孙军梅. 公共财政视角下科技专项资金监管的对策研究[J]. 中国物流与采购,2015(20):74-75.

[56] 李丽辉. 科研先"产出"财政后补助[N]. 人民日报,2014-08-12(2).

[57] 李美云. 人文社科项目科研经费使用制度研究[J]. 中国法学教育研究,2016(4):179-190.

[58] 李娜. 科学基金制度在国家创新体系中发挥重要作用[J]. 科技导报,2008,26(22):102-103.

[59] 李晓鹏. 普林斯顿高等研究院科学激励模式述评[D]. 陕西师范大学硕士学位论文,2016.

[60] 李燕萍,郭玮,黄霞. 科研经费的有效使用特征及其影响因素——基于扎根理论[J]. 科学学研究,2009(11):1685-1691.

[61] 李燕萍,吴绍棠,郜斐,张海雯. 改革开放以来我国科研经费管理政策的变迁、评介与走向——基于政策文本的内容分析[J]. 科学学研究,2009(10):1441-1447.

[62] 李优晶. 美国大学科研资助模式的发展特点及影响[J]. 教育与考试,2011(1):85-88.

[63] 李昱涛. 美国国立卫生研究院初探——历史演变、管理体制和运行机制[D], 清华大学硕士学位论文, 2004.

[64] 李兆荣. 哥白尼传[M]. 武汉: 湖北辞书出版社, 1998: 49-51.

[65] 廖忆崎, 李怀龙, 张亚非. 中央高校基本科研业务费专项资金经费管理小议[J]. 经营管理者, 2016 (1上): 243-244.

[66] 林拓, 袁锦贵, 范楠楠. 在规范管理中释放科研生产力: 经费管理的国际比较[J]. 华东师范大学学报 (教育科学版), 2016 (4): 71-74.

[67] 刘波. 基于《课题制》的大学科研经费管理——与美国的比较研究[J]. 科研管理, 2003 (1): 51-57.

[68] 刘金沂. 哥白尼的天文学革命[J]. 情报学刊, 1980 (3): 52-57.

[69] 刘立. 论工业中科学制度化和科学职业化[J]. 科学技术与辩证法, 1996 (5): 44-49.

[70] 刘鸣韬. 蒸汽机发明历程的几点启示[J]. 现代审计与经济, 2013 (2): 39.

[71] 刘尚希, 韩凤芹. 不能片面理解事业单位的"公益属性"[R]. 中国财政科学研究院研究简报, 2018年第9期, 2018-03-26, http://www.chineseafs.org/index.php?m=content&c=index&a=show&catid=23&id=738.

[72] 罗兰. 大学创新职能研究[J]. 当代教育理论与实践, 2011 (12): 17-19.

[73] 苗德岁. 达尔文与《小猎犬号航海记》——兼评译林出版

社的陈红新译本［N］．中华读书报，2017-04-05（04）．

［74］倪健．基于重大科技项目的管理创新研究［J］．中国科技论坛，2006（5）：36-37．

［75］聂常虹．财政支出管理革命：从制度经济学角度看我国政府采购［J］．财政研究，1999（2）：32-35．

［76］浦根祥．工业革命史上企业家与发明家的成功结盟［J］．科学，1996（1）：54-56．

［77］齐军．财政科研经费监管现状与对策研究［J］．中国管理信息化，2016（20）：70-73．

［78］乔健．美国众包悬赏竞赛创新模式剖析［J］．全球科技经济瞭望，2017（10）：8-12．

［79］汝鹏．中国财政科技拨款体制的若干问题与对策研究［R］．清华大学产业发展与环境治理研究中心应急项目研究报告，2014年3月．

［80］盛春辉．论技术与资本互动的历史与逻辑［D］．东北大学博士学位论文，2013．

［81］宋传增，王文运，耿军．纵向科研经费管理中存在的问题及对策［J］．财会通讯，2002（10）：47．

［82］宋河发，穆荣平，任中保．我国财政科技投入与经费管理问题研究［J］．科学管理研究，2005（5）：104-113．

［83］宋旭璞．浅谈科研资助效应［J］．当代教育科学，2012（3）：34-36．

［84］宋子良，王平．瓦特成功的奥秘何在？［J］．哲学研究，1985（6）：22-58．

[85] 孙华. 高等研究院体制：普林斯顿的经验、挑战与改造[J]. 当代教育科学, 2017 (4): 51-56.

[86] 孙早, 刘坤. 相对收入差异与科研资金配置——中国现行高校科研资金配置为何是基本有效的？[J]. 财经研究, 2014 (4): 4-14.

[87] 谭永生. 科研人员增收"政策好、落地难"的局面亟需改变[EB/OL]. 搜狐网, https://www.sohu.com/a/254492928_692693.

[88] 陶元磊, 李强. 高校科研经费配置结构与科研绩效的门槛效应——以教育部直属高校为例[J]. 技术经济, 2016 (2): 42-48.

[89] 田俊荣, 喻思南, 余建斌, 赵永新, 冯华, 蒋建科, 吴月辉, 刘诗瑶, 谷业凯. 让经费为人的创造性活动服务——对六城市120家创新主体的调查之二[N]. 人民日报, 2018-07-09 (18).

[90] 童奚. 近代天文学的始祖——第谷[J]. 初中生世界（初三物理版）, 2007 (4): 4.

[91] 万红波, 秦兴丽, 康明玉. 国内外高校科研经费监管比较研究[J]. 甘肃科技, 2012 (24): 14-22.

[92] 王金妹, 王爱华, 朱霖昊. 高校科研经费管理风险分析及评估[J]. 财务与金融, 2016 (5): 40-48.

[93] 王凭慧, 王守强, 卓枫, 孙真真. 知识经济时代的科研经费管理[J]. 科研管理, 2003 (2): 61-66.

[94] 王耀德, 刘立. 论从基础科学中获得技术收益的主体不确定性[J]. 江西社会科学, 2003 (7): 211-214.

[95] 王忠, 文宇峰, 孙玉芳, 陈谦明. "十二五"科研经费改革

影响研究[J]. 科学学研究, 2014（4）: 545-548.

[96] 卫之奇. 美国能源部国家实验室绩效评估体系浅探[J]. 全球科技经济瞭望, 2008, 23（1）: 35-40.

[97] 温珂, 张敬, 宋琦. 科研经费分配机制与科研产出的关系研究——以部分公立科研机构为例[J]. 科学学与科学技术管理, 2013（4）: 10-18.

[98] 吴立保, 张建伟. 论科研与教学关系: 非线性思维的视角[J]. 南京师大学报（社会科学版）, 2012（2）: 83-88.

[99] 席酉民, 李会军, 郭菊娥. 我国高校科研经费优化配置研究[J]. 科技进步与对策, 2014（3）: 103-107.

[100] 肖海涛. 一种经典的大学理念——洪堡的大学理念考察[J]. 深圳大学学报（人文社会科学版）, 2000（4）: 80-86.

[101] 徐超富. 大学第二中心: 科学研究的演变轨迹及其特点[J]. 中国软科学, 2003（12）: 106-109.

[102] 徐锋, 余自娥. 发达国家大学科学研究投入的特点[J]. 湖南师范大学自然科学学报, 2003（4）: 86-88.

[103] 徐继宁. 英国传统大学与工业关系发展研究［D］. 苏州大学博士学位论文, 2011.

[104] 徐孝民. 高校科研项目人力资本投入补偿的思考——基于科研经费开支范围的视角[J]. 2009（12）: 32-38.

[105] 许心. 变革与转型："后罗宾斯时代"的英国大学拨款委员会[J]. 大学教育科学, 2014（6）: 94-99.

[106] 许治, 师萍. 基于DEA方法的我国科技投入相对效率评价[J]. 科学学研究, 2005（8）: 481-484.

[107] 薛澜，汝鹏，舒全峰，韩菲. 中国科研人力资本补偿：问题、成因与对策[J]. 科学学研究，2014（9）：1347-1430.

[108] 学白羽，李美珍，王孙禺. 中美政府部门对高校科研经费的投入及管理方式比较[J]. 清华大学教育研究，2004（6）：54-59.

[109] 阎光才."所罗门宫殿"与现代学术制度的缘起[J]. 清华大学教育研究，2008（1）：72-77.

[110] 杨丙红. 公共财政视野下我国高校科研拨款制度研究[J]. 中国高教研究，2011（8）：28-32.

[111] 杨得前，严广乐，唐敏. 财政投入科研经费中的逆向选择与道德风险[J]. 科学学研究，2006（2）：42-46.

[112] 杨国梁，孟溦，李晓轩. 法国 INRIA 管理与评估实践分析[J]. 科学学与科学技术管理，2008，29（12）：172-177.

[113] 杨庆余. 法兰西科学院：欧洲近代科学建制的典范[J]. 自然辩证法研究，2008（6）：81-87.

[114] 杨庆余. 西芒托学院——欧洲近代科学建制的开端[J]. 自然辩证法研究，2007（12）：96-99.

[115] 姚玉鹏. 对我国科研资助体系存在问题及深化体制改革的思考[J]. 中国科学基金，2011（1）：26-29.

[116] 叶赋桂，罗燕. 大学制度变革：洪堡及其意义[J]. 清华大学教育研究，2015（5）：21-30.

[117] 殷献民，李志斌，彭志文. 财政性科研经费的使用问题及政策建议[J]. 北京社会科学，2012（6）：60-65.

[118] 张碧晖，王平. 科学社会学［M］. 北京：人民出版社，1990.

[119] 张驰. 财政科研结余经费的类型化治理[J]. 政法论丛, 2018（4）：93-102.

[120] 张川, 娄祝坤, 王志成. 科研经费管理效力及其影响因素的实证研究[J]. 科学学研究, 2015（8）：1193-1202.

[121] 张盖伦. 中央高校基本科研业务费管理有了新"规矩"[N]. 科技日报, 2016-11-02（5）.

[122] 张华. 月华如水　蒸汽永生——伯明翰月亮协会与瓦特[J]. 国外科技动态, 2003（6）：27-29.

[123] 张明喜. 国家科技重大专项财政支持效率评价[J]. 科技进步与对策, 2017（1）：118-123.

[124] 张维迎. 所有制、治理结构及委托-代理关系——兼评崔之元和周其仁的一些观点[J]. 经济研究, 1996（9）：3-53.

[125] 张星明, 韩连胜, 梁毅, 李丹, 白莉. 科技重大专项管理模式研究[J]. 科技管理研究, 2017（5）：142-148.

[126] 张艳. 工资形成机制：理论、现状及完善对策研究[J]. 中国劳动, 2015（9）：35-39.

[127] 赵红州. 德国科技称雄百年——世界科学中心的变迁[J]. 科技文萃, 1995（6）：113-115.

[128] 赵克. 工业实验室的社会运行论[D]. 复旦大学博士学位论文, 2003.

[129] 赵颖全. 做个科学家, 须当好"会计"——海南一些科研人员反映深陷"财务藩篱"[EB/OL]. 新华网, http://www.xinhuanet.com/politics/2018-09/01/c_1123364206.htm.

[130] 赵治纲. 我国科技经费投入现状、问题与完善对策[J]. 财

政科学，2016（8）：84-89.

［131］中央财经大学课题组．国家财政投入对科研产出的影响[J]．统计研究，2013（8）：111-112.

［132］周建中．美国标准与技术研究院绩效评估的实践、方法及启示[J]．中国科技论坛，2009（1）：135-139.

［133］周其仁．市场里的企业：一个人力资本与非人力资本的特别合约[J]．经济研究，1996（6）：71-80.

［134］周雪光，练宏．中国政府的治理模式：一个"控制权"理论[J]．社会学研究，2012（5）：69-93.

［135］周尊丽，高显扬．基于风险导向的财政科研经费监管方法研究[J]．财政监督，2016（20）：37-39.

［136］朱九田．拟成果购买制的管理模式与现行科研资金投入体制管理模式的比较[J]．科技导报，2005（6）：45-47.

［137］朱锐．美国私人基金会对科学的资助——对其历史、经验的考察[J]．大自然探索，1988（2）：119-126.

［138］朱仙顺．尼古拉·哥白尼[J]．物理通报，1958（9）：527-529.

［139］左常睿．为了863计划，4位科学家集体"走后门"[N]．科技日报，2018-10-07（1）.

致　谢

兴酣落笔，回顾本书写作历程，感触良多。这与许许多多师友的提点与帮助是密不可分的：

进入博士后阶段以来，我得到了陈锐研究员、王春法研究员的悉心指导与关怀。两位老师的传道授业，让我直接触摸到学界的前沿，领悟到研究的规范，这将使我终身受益。

感谢在我的写作过程中给予指导和帮助的各位老师：任福君老师、罗晖老师、王宏伟老师、穆荣平老师、柳卸林老师、尚智丛老师、刘海波老师、谭宗颖老师、李正风老师、周程老师等，他们的意见和建议，对于论文的修改和完善起到了至关重要的作用。

感谢中国博士后科学基金、全国博士后管理委员会为我提供了千载难逢的资助机会。

感谢一路走来的朋友们，感谢各位一直以来所给予的关照与陪伴！在与各位共同求学的过程里，各位给了我无私的帮助，从各位身上，我学到了许多可贵的东西！

董阳

2018 年 12 月